脑科学瘦身

[日] 久贺谷亮 —— 著

武晨晓 —— 译

北京联合出版公司
Beijing United Publishing Co.,Ltd.

图书在版编目（CIP）数据

脑科学瘦身/(日)久贺谷亮著;武晨晓译.——北京:北京联合出版公司,2023.5
ISBN 978-7-5596-6752-6

Ⅰ.①脑… Ⅱ.①久… ②武… Ⅲ.①心理学—通俗读物 Ⅳ.①B84-49

中国国家版本馆CIP数据核字(2023)第044132号

北京市版权局著作权合同登记　图字：01-2022-6984号

無理なくやせる"脳科学ダイエット"
© Akira Kugaya 2018
Originally published in Japan by Shufunotomo Co., Ltd
Translation rights arranged with Shufunotomo Co., Ltd.
Through East West Culture Co., Ltd.

脑科学瘦身

作　　者：(日)久贺谷亮　　　译　　者：武晨晓
出 品 人：赵红仕　　　　　　出版监制：辛海峰　陈　江
责任编辑：管　文　　　　　　特约编辑：王世琛
产品经理：周乔蒙　　　　　　版权支持：张　婧
封面设计：青空・阿鬼　　　　版式设计：任尚洁

北京联合出版公司出版
（北京市西城区德外大街83号楼9层　100088）
北京联合天畅文化传播公司发行
凯德印刷（天津）有限公司印刷　新华书店经销
字数100千字　880毫米×1230毫米　1/32　6印张
2023年5月第1版　2023年5月第1次印刷
ISBN 978-7-5596-6752-6
定价：49.80元

版权所有，侵权必究
未经许可，不得以任何方式复制或抄袭本书部分或全部内容
如发现图书质量问题，可联系调换。质量投诉电话：010-88843286/64258472-800

前言

脑科学减肥不需要"忍耐"

"试了很多方法都没什么效果……"
"总是一不小心就吃多了,坚持不了……"
"我不想控制饮食……"
"减肥总是失败,我觉得自己太失败了……"

对于坊间流传的减肥方法,大家似乎都有同样的烦恼。

但是,如果你仔细想想,为什么那么多不同的减肥方法总是让人们产生类似的烦恼?你不觉得有点奇怪吗?

其实,答案很简单——这些减肥方法命令我们"忍耐",却没告诉我们"如何忍耐"。

总是一不小心就吃多了,或者因为压力而暴饮暴食……这些"习惯"在我们的大脑中根深蒂固。

坊间流传的减肥方法只告诉我们如何改变饮食，却没告诉我们如何改变饮食方法、减少对食物的欲望。而且，这些方法都告诉大家"减肥靠的是决心和忍耐"。因此，尽管减肥方法多种多样，但大家的烦恼几乎一致。

对此，本书将提供一些帮助大家掌握正确饮食行为的提示，帮助大家改变吃东西时的"大脑习惯"。

因此，大家完全不需要"忍耐"和"自制力"。

即使是觉得自己意志力薄弱的人，只要从"大脑习惯"开始改变，不"努力"也可以不知不觉地瘦下来。

想改变饮食方式，首先要改变大脑

"吃"这个行为是通过大脑进行调节的。饮食习惯和对食物的欲望都是大脑"学习"的结果。

也就是说，你之所以不由自主地想吃东西，是因为你的大脑变成了一个"无法变瘦的大脑"。那些传统的依靠自制力的减肥方法都存在一个致命的问题——忽略了大脑的参与。

我是美国洛杉矶一家心理健康诊所的院长，曾在美国耶鲁大学等机构从事尖端脑科学研究工作。

人们来诊所都是为了解决心理和大脑方面的问题。在治疗过程中，我发现很多人的问题都和饮食有关。

最典型的就是"压力引起的暴饮暴食"。这个问题对普遍压力过大的现代人来说不容忽视，很有可能引起生活方式病，并不是单纯的心理问题。

在我还是实习医生的时候，前辈曾经告诉我，接待患者时一定要问清两件事——患者的饮食和睡眠。

由大脑调节的饮食和睡眠可以说是一面反映大脑状态的"镜子"。饮食方面出现问题的人（往往体形方面也出现了问题）的大脑可能正处于一种不健康的状态。因此，如果真的想有效减肥，就不能忽视大脑这个根本原因。

为什么"努力"了却瘦不下来呢

我们对食物的欲望缘于对食物的依赖。

因为吃东西是一件很快乐的事，所以产生了依赖。

在我们的大脑中，有一个叫作"快乐中枢"的区域，由腹侧被盖区和伏隔核组成。

我们吃下的食物在体内转化为糖类，并对快乐中枢进行刺激,我们就会感到快乐,想吃更多东西。想抑制这种快乐中枢的失控是很难的。

那些只会让我们努力忍耐的方法忽视了大脑本身的运行机制,毫无道理可言。我们试图用意志的力量来抑制对食物的欲望,但是在支撑这种意志的大脑中,有一个完全相反的运行机制。因此,仅靠自制力就想减肥成功根本是无稽之谈。

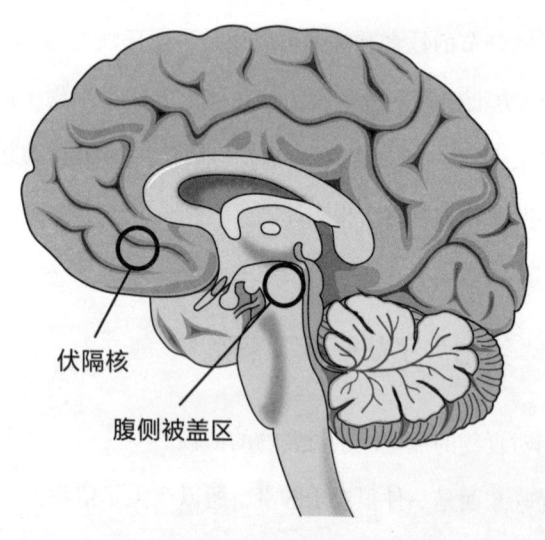

那么我们究竟该如何做呢?

通过各种研究结果的积累,我们发现,用某种方法持续对大脑施加作用，最终可以抑制快乐中枢的失控。

"征服"食欲的科学方法

"正念疗法"在欧美地区非常流行，目前广泛应用于企业和教育领域。应该有很多人听说过这个方法吧？

本书基于正念疗法，整合了改变饮食行为的各种方法，总结出了一个系统的减肥方法。

如果你曾因尝试传统减肥方法而受挫，为什么不放弃压抑自己对食物的欲望，而是学习这种和欲望"和解"的脑科学减肥法呢？

已经有很多科学依据证明了正念疗法对大脑的影响，正念疗法也已经开始应用于改善饮食行为。

本书适度参考了一些能证明这种减肥方法有效的科学数据，并列出了相关参考文献，供读者参考。

从"无法变瘦的大脑"转变为"不会变胖的大脑"

本书的目的是从脑科学角度改变你的大脑，最终让轻松减肥成为可能。而且，由于大脑最终会处于即使不刻意忍耐也不会变胖的状态，所以减肥效果并不是暂时的。与普通的减肥方法不同，它有效地避免了反弹。不仅如此，与其他减肥方法相比，还有更多意想不到的效果（详见后面的内容）。

为了让读者更容易理解，正文采用了故事形式。此外，书中还附带实践项目的日程表，即使从今天开始也能立刻上手。请大家按照自己的实际情况，带着轻松的心情尝试一下吧。

在阅读本书并不断实践的过程中，你的大脑和心灵一定会发生变化。

希望大家都能享受饮食和自身焕然一新的过程。

出场人物

- 朋美：主人公，网络媒体公司编辑助理，28岁。
- 睦睦：体形较胖的减肥爱好者，42岁。
- 圣子：纤瘦的"御姐"，应该是35~40岁。
- 小卓：理想是成为模特儿，每天锻炼身体，21岁。
- 大和：IT企业的中层管理人员，大腹便便，50岁。
- 松代：KIBUSU减肥训练营的老板，美国加利福尼亚大学洛杉矶分校的教授，60多岁。
- 杉田：KIBUSU减肥训练营的主厨，31岁。

正念减肥法——打造"不会变胖的大脑"

"哎呀,朋美以前挺瘦的呀。"

"哈哈,对呀。这是5年前的照片。"

我假装无所谓,跟着大家哈哈大笑,可大堤主编的话还是刺痛了我的心。同事们也围着我的照片笑着说个不停。

不过,我的大脑一片空白,他们说的话我一句也听不见,只能听见加速的心跳声。

"我先去吃午饭……"

无地自容的我正要离开办公室时,大堤主编隔着办公桌对我说:"朋美,上次你提的'减肥新闻网站'企划没有通过。吉田在为下个月建立的新网站做准备工作,一个人忙不过来,你去支援一下吧。"

"好……好的!下次我一定会提交一个好的企划!"

本以为自己回答时干劲儿十足,可是,走出公司的大门,主编冷峻的表情仍在脑海中挥之不去。

她的表情仿佛在说:"我已经对你没有期待了,你就干点杂活吧。"从那双狭长的眼睛里看不出她在想什么。她说话的语气很平淡,就像在宣读文件。

我心不在焉地走进了公司附近的便利店。等我回过神来,我已经从店员手里接过了一个袋子,里面装着3个饭团、炒面、薯片、欧蕾咖啡和布丁。罪恶感一下子朝我袭来。

"朋美以前挺瘦的呀。"

主编似乎有些轻蔑的声音在我的脑海中回荡。

(是啊,遇见你之前,我一直挺瘦的……)

我是藤崎朋美,在东京的一家网络媒体公司担任编辑助理。大学毕业后,我在一家服装公司工作了不到3年,结果身体出了问题,无法继续在那里工作。那时,我偶然得知一家主打美容健康内容的网络媒体公司正在招聘助理,想都没想就投递了简历。虽然是合同工,让我有些不安,但我从学生时代起就渴望从事媒体工作,所以满怀期待地入职了。

可是,在这里工作了3年,至今还未取得像样的成果。今年我已经28岁了。最近,我跟已婚的朋友见面时并不觉得焦虑,可当被问到是不是打算当单身女强人时，我有些犹豫，因为我的工作进展并不顺利。

在过去的3年中，我到底收获了什么呢？到现在为止，我仍然是帮其他编辑做辅助工作的助理。我得到的只有一点点经验和巨大的压力，以及堆积在上臂、腹部、大腿等处的脂肪和难以启齿的体重。同时，我失去了从大四开始交往的男朋友。

其实，我知道大堤主编说的那句"朋美以前挺瘦的呀"并没有恶意。她虽然不算温柔，但也不会故意说一些伤人的话，只是有些心直口快。正因为她一直认为"藤崎朋美挺胖的"，所以才会说出那句话。而且，偏偏在那个时候，我的企划也被驳回了。

"我必须做出改变……"

那天晚上，我站在体重秤上，看着显示屏上的数字，默默下定了决心。以前我也下过几次决心，尝试了很多减肥方法，可总是坚持不下去，没过多久就放弃了。最后，我成了现在这个样子。

"我的自制力比别人差……"

当时我是那么想的。但现在的我恢复了纤细的身材，体重也跟那张照片里的我差不多。

其实,减肥最重要的一点不是压抑自己想吃东西的欲望,而是要直面自己想吃东西的冲动,然后"正确"地满足它。

目录

PROLOGUE

序章

为什么越能忍耐的人
越瘦不下来呢

改变你的饮食 ·· 2
瘦不下来是因为意志力薄弱吗 ································· 5
问题不在于肥胖的体形 ·· 8
饮食方面有问题的人们 ·· 10
饮食行为科学面临的5个问题 ·································· 13
减肥成功者不是普通人吗 ·· 16
摆脱减肥误区的3种思维转换 ·································· 19

STEP 0
步骤 0

谈谈符合脑科学的减肥法

试着在安静的地方全神贯注 …………………………………… 24
"正念"是指冥想吗 ……………………………………………… 28
86%的科学研究证明有效的减肥方法 …………………………… 32
能够改善体重和BMI …………………………………………… 35
无视吃饭乐趣的饮食限制都是徒劳 …………………………… 38
两个原因导致形成"无法变瘦的大脑" ………………………… 41
正念减肥法分为5步 …………………………………………… 44

STEP 1
步骤 1

停止莫名其妙地吃东西——
改善饮食的方法　基础篇

在"机械进食模式"下忍不住想吃东西吗 …………………… 48
减肥从"饭前30秒"开始 ……………………………………… 52
现在的你是由"以往的饮食方式"构成的——饮食练习 ……… 57
创建"饥饿原因列表" ………………………………………… 64

STEP 2

步骤 2

不依赖自制力的饮食方式——
改善饮食的方法　进阶篇

让大脑"重新学习"不同于以往的饮食习惯……………………74
"身体扫描":倾听身体的声音……………………………………79
增强减肥基础能力的训练——呼吸聚焦法………………………84
为想吃东西的欲望取名……………………………………………89

STEP 3

步骤 3

驾驭想吃东西的欲望——管理欲望的方法

驾驭想吃东西的欲望——RAIN正念法……………………………98
体验一下人生中最强烈的饥饿感吧………………………………104

STEP 4
步骤 4

为什么肚子总是很饿——
自我满足的方法　基础篇

缓解吃多少东西也无法填满的空虚感——沙漏法……………114
如果想变瘦，就要善待自己……………………………………120

STEP 5
步骤 5

"人生的饥饿感"消失了——
自我满足的方法　进阶篇

正念厚蛋烧………………………………………………………132
提高持续力的"感谢法"…………………………………………135

RETREAT
静修
饮食方式就是生活方式

自然景观能够消除大脑中的不满 ············ 146
世界上最美味的葡萄干 ·················· 149

EPILOGUE
终章
"最后的晚餐" ························ 155

尾注 ································· 164
参考文献 ····························· 165
后记 ································· 168

v

PROLOGUE

序章

为什么越能忍耐的人
越瘦不下来呢

改变你的饮食

"我们果然被骗了吧？看来免费的才是最贵的……"

坐在桌子对面的睦睦压低声音说道。我含糊其词地回答她的话，内心却很赞同。

这里是位于东京最繁华的代官山地区的一处豪华公寓——"KIBUSU"。

现代感十足的挑高客厅中有一眼就能看出价格很贵的高级沙发和最顶级的音响设备。每个房间里都有雅致的古董家具、宽敞的床以及有热水的淋浴房。如果我们听到餐厅里巨大的橡木餐桌以及挂在墙上的画的价格，估计会惊掉下巴。总之，这里极尽豪华，让我们有一种置身龙宫的错觉。

让我们感到不安的是，这套豪华公寓竟然可以免费居住。

几个月前，我在一个偶然发现的网站上看到了这个减肥训练营的信息。上面说招募5名入住者，并且要对入住者进行审查。我觉得自己肯定不会通过审查，但还是在线回答了几个简单的问题，点击了"发送"键。1周后，我竟然收到了入选通知。

如果说我没有一丝疑虑，肯定是假的，但我对"免费入住代官山豪华公寓""你的饮食习惯将会被改变"这些宣传语毫无抵抗力。

不过，这间公寓有1条规则——5名入住者必须每天一起吃早饭和晚饭。

换言之，除了这条规则，没有任何要求。搬进来快1个月了，并没有接受严格的训练，也没有饮食限制。我只是每天早上在柔软的大床上醒来，享用美味的早饭，然后去公司工作。

当我结束一天辛苦的工作回到公寓时，热腾腾的晚饭已经准备好了。吃完晚饭，洗个热水澡，然后睡个好觉。由于在公寓里过着无忧无虑的生活，我的体重不但没有减轻，反而增加了一些。

"大家久等了，晚饭已经做好了。"

为我们准备晚饭的是KIBUSU的管理者杉田先生。他不仅长得很帅，而且个子很高。然而，31岁的他看起来不太可靠，给人的印象是一个清秀型男性。

不过,他做的饭实在是太好吃了。听说他正在厨师专业进修,这间公寓的主人暂时聘请他来兼职为我们做饭。

我们每天面对的是美味的餐食和舒适的住所,没有任何特别的事情发生,时间就这样安静地流逝。入住者们开始疑神疑鬼。正如睦睦刚才说的那样,大家都开始怀疑"我们是不是被骗了""这是不是一个圈套呢"。

瘦不下来是因为意志力薄弱吗

"杉田先生,关于这间豪宅,你肯定知道些什么吧?"

睦睦又问了我们之前问过很多次的问题。可惜每次得到的回答都是一样的。

"我真的什么都不知道。房主只是拜托我每天过来给大家做早饭和晚饭。"

睦睦不满地嘟囔着什么。在5名入住者中,她最健谈。睦睦的本名是睦美,但她希望大家叫她"睦睦"。睦睦可能上一秒还在哈哈大笑,下一秒就突然哭了。在她身边,心情就像坐过山车一样。虽然睦睦已经42岁了,但性格像个孩子,这让她成了这间公寓的"气氛担当"。

不过,她最引人注目的地方是她的体形。虽然没有问过她的体重具体是多少,但肯定是三位数。在她旁边,我几乎会产生一种错觉,觉得自己的体形根本不值得烦恼。

"对我来说，那些减肥方法全都没用。"睦睦哀怨地说道。

"朋美，你猜猜我尝试过多少种减肥方法？"

不知为何，睦睦特别喜欢跟胆小的我说话。

"嗯……3种？"

"不，我试了不下20种减肥方法。减糖、控制碳水、纳豆减肥法、西柚减肥法……我都数不清了。我还去过电视广告里的那种一对一私教。"

"睦睦，你刚才一边说，一边不停地吃巧克力。这样的话，不管你尝试哪种减肥方法都不会有效果。问题出在你自己身上。"

毫不留情地批评睦睦的人是入住者圣子。我不知道她的年龄，应该是35~40岁。她身材苗条，很受男性欢迎，是一位"御姐"。她似乎在晚上工作，每天吃完晚饭会化好妆去上班。

"是的，减肥拼的就是忍耐力和自制力。精神力量就是全部。"

边说话边走进餐厅的是立志当模特儿的小卓。每天晚饭前他都会去运动，这会儿应该是刚运动完。也许是因为每天运动，他的运动背心下的肌肉像钢铁一样紧实。21岁的他浑身洋溢着年轻的气息。

"够了。其实人上了年纪就不怎么长肉了！"

睦睦假装生气，对着打断她说话的圣子和小卓抖动上臂的肉。看到这一幕，我们笑得前仰后合。这时，一个脸色苍白、大腹便便的中年男人姗姗来迟。他是大和先生，是一家IT公司的中层管理人员。

50岁的大和先生是我们中最年长的，但他不愿意和我们主动交流，总是闷闷不乐的。他的脸和头皮都泛着油光，肥胖程度跟睦睦不相上下。

睦睦曾经从门缝中瞥见他的房间里摆满了动漫人物的手办。她说："那些手办的数量可不少，看来他是个资深宅男。"

问题不在于肥胖的体形

　　睦睦、圣子、小卓、大和以及我，5个性格各异的人生活在一起，却出乎意料地达到了一种平衡。
　　我们围坐在餐桌前，吃着杉田先生做的美味饭菜，睦睦兴致勃勃地说着自己喜欢的话题，圣子和小卓偶尔反驳几句。这样的场景让我产生一种错觉，仿佛我们是新组成的家庭。我想，KIBUSU的房主肯定在入住审查阶段精心挑选过，选出了性格互补的入住者。
　　但是，这样的日子并没有持续多久。
　　日子一天天过去，有些问题逐渐开始显现。

　　问题最明显的是睦睦与大和。正如之前圣子说的那样，睦睦极爱吃甜食。每次走进她的房间，都会发现垃圾桶里有大量巧克力的包装纸。大和先生也总是吃零食，吃完饭就在沙发上打瞌睡，十分不健康。

小卓和圣子让我很好奇。从体形来看，他们完全没有问题，而且每天早晚都会遵守规则和大家一起吃饭。他们为什么会来参加这个减肥训练营呢？

小卓每天吃完晚饭就会去地下健身房用跑步机锻炼，一直锻炼到将近午夜12点，跑3个小时左右。虽然我知道当模特儿必须保持身材，但真的需要做到这种程度吗？

保持着完美身材的圣子除了因为工作原因会深夜或早上才醉醺醺地回到公寓，几乎没有奇怪的地方。不过有一次，我们在吃晚饭时用睦睦的各种零食玩"猜卡路里"游戏，对我们这种减肥过无数次的人来说，拿个"优秀"毫不费力，可令人惊讶的是，答出最准确的数字的人竟然是她。

她还有一个引人注意的地方，就是吃完晚饭会马上冲进卫生间。可能是身体不太舒服吧。

我还是老样子。我的同事们都工作到很晚，我也经常会为了第二天要发布的内容加班到深夜。但是，为了遵守KIBUSU的规则，我现在每天晚上都会在8点半晚饭开始前回到公寓。

在过去的1个月里，我一直严格遵守这条规则，主编和同事们的目光仿佛在对我说"工作上没什么成果，回家倒是很积极"。这种情况到底要持续多久啊……

饮食方面有问题的人们

"啊！她终于回来了！"

正在为我们准备晚饭的杉田先生看着窗外说道。公寓的自动门打开了，一辆高级的白色汽车缓缓驶入。看来，公寓的主人终于露面了。

"哇，是奔驰G级车，肯定是一个有钱的帅哥！"小卓一脸期待地说道。

走进餐厅的是一位成熟女性，小卓的期待落空了。这位女性仪态优雅，身材匀称且修长。她穿着一件质地很好的黄色开司米毛衣，搭配利落的短裤和打底裤。她有一头蓬松的金发，不过看脸是典型的日本人。她身上有一种可爱感，根本看不出年龄，后来我才知道她已经60多岁了。

"大家好，我是公寓的主人松代，很高兴见到大家。杉田，你还好吗？各位，杉田做的饭菜是不是特别美味？"

刚从美国回来的松代女士根本不管愣在原地的我们，热情地开始自说自话，仿佛根本没有看见我们呆若木鸡的样子。

"等……等一下，你就是这里的主人吗？那我就直说了，你开设这个减肥训练营的目的到底是什么？"

心直口快的睦睦插嘴道。

"哎呀，看我这记性。可能是时差还没倒过来，我的脑子有点不清楚。之前有事务要处理，耽搁了1个月才回来，一直没来得及跟大家说明具体情况。很抱歉让大家等了这么久，大家在这里住得惯吗？有没有不满意的地方？"

听到这个问题，大家都沉默了。毕竟，在这里度过的1个月即使再挑剔也挑不出毛病。显然不只我这么想，其他人也都不说话了。

"你就是睦睦吧。听说你极爱甜食，一晚上能吃掉3袋巧克力。你的食量确实惊人。"

松代女士对初次见面的睦睦直言不讳。

"我……我之所以会那么做，是因为……"

"是因为想念你儿子吗？你有一个6岁的儿子，名叫翔介。因为你暴饮暴食，疏于照顾孩子，所以你的丈夫跟你离婚了，还不让你跟儿子见面。虽然你很可怜，但如果你继续暴饮暴食，根本见不到你儿子。"

"翔介啊……妈妈好想你啊……"睦睦大声哭了起来。

松代女士的话让大家目瞪口呆。这么说来,我经常在夜里听到哭声,可能就是想念儿子的睦睦的哭声吧。

"这里的5个人都有饮食方面的问题。我向大家保证,KIBUSU会帮助大家解决饮食问题。"

饮食行为科学面临的5个问题

对于松代女士的自说自话，小卓表现出了明显的不满。

"等等，你这么说睦睦是不是太过分了。况且……"

"你就是小卓吧。"松代女士打断了他的话。

"你的理想是当模特儿。你是一个有严重厌食症倾向的运动狂。因为怕胖，总是不停地运动。"

"怎……怎么可能……"

这时，松代女士突然掀开小卓的T恤："你看，腰部出现了淤青，这是过度锻炼造成的。另外，你的体毛比胡子浓多了。如果人太瘦了，为了防止体温过低，体毛的数量会相应地增加。你知道吗？"

小卓似乎无法反驳。

松代女士转身面向大和。

"你是典型的中年男性肥胖身材。话虽如此，但你实在太胖了。再这样下去，你会生病的。"

"太过分了！你凭什么这么说！"

大和少见地动了怒。但松代女士连眉头都没有皱一下。她说："你以为我不知道你的血液检查结果吗？"

听到这里，大和先生又恢复了往常闷闷不乐的样子，一句话也不说了。

"下一位是圣子。"

我们心想：她应该没什么问题吧。

"暴饮暴食和催吐。"

剩下的4个人和厨房里的杉田先生都屏住了呼吸。

"你……你说什么呢？！大家别听她瞎说！"

圣子脸上是前所未有的慌张。

"那这是怎么回事？"松代女士以不符合她年纪的极快的动作抓住了圣子的右手，"这就是证据——所谓的'催吐手'。"

我仔细一看，确实在圣子食指的第一关节附近看到了一处疤痕。我听说暴食症患者会将手指伸入咽喉深处催吐。长此以往，手指上可能会留下疤痕。

"是因为怕发胖吗？"

"够了！"

圣子大吼一声，蹲在地上抱紧了自己。

"最后是朋美。你是压力性暴食的'惯犯'吧？"

看过刚才她对其他4个人的审判，我非常害怕，立刻回答："是的。"

"从表面上看，你没有任何问题。可能你还觉得自己是这里最正常的人吧。我告诉你，你们5个人的问题本质上是相同的，不要心存幻想，认为自己的问题没有其他人严重。"

我们垂头丧气，气氛变得沉闷起来。这时，在厨房里观望的杉田先生打破了沉默。

"松代女士，您难得回来一趟，先自我介绍一下怎么样？"

松代女士露出恍然大悟的表情，收起刚才让大家目瞪口呆的锐利眼神，转而和蔼一笑，似乎变成了一个可爱的中年女性。

"不好意思，我还没有自我介绍。这是我的名片。"

美国加利福尼亚大学洛杉矶分校

脑科学、人类行为学教授

松代·肯尼迪

减肥成功者不是普通人吗

"我是一名脑科学研究者,专门研究人类行为,特别是饮食行为。在过去的1个月里,我通过监控仔细观察了大家的生活状态。"

"什么?!"

听到这里,脸色苍白的大家更是气愤得连话都说不出来。

最先反应过来的是圣子:"你说什么?你偷拍我们的生活?这不是侵犯隐私吗?"

这么一想,松代女士知道圣子催吐的行为以及大和先生的血液检查结果就不难理解了。她保持着温和的微笑,回答道:"关于监控的事情,合同上写了呀,大家也都签了字。"

合同?入住的时候确实签过一份合同。这么说来,我们5个入住KIBUSU的人根本没有仔细阅读合同上的条款就不小心将自己的隐私暴露了。其实大家平时并不是这样的,只是接到入选通知的时候被喜讯冲昏了头脑而已。

"那么……真的能改变吗？"小卓打破了沉默。

"美国加利福尼亚大学洛杉矶分校？就是那个被称作'UCLA'的世界顶级名牌大学吗？如果UCLA的教授来指导我们，肯定会有效果的。"

"刚才我不是说了吗？我可以向你们保证。怎么样？饮食问题可能会困扰我们一辈子，难道大家不想解决这个问题吗？"

解决饮食问题。这句话深深地刺痛了我们的心。

"当然想解决啊！"我们一齐在心中呐喊。

"可是，我试过很多种减肥方法，全都失败了。"还在哽咽的睦睦一边吸着鼻子一边说道。

"不用担心。我是一位科学家，我不会做毫无根据的事。现在我要教你们的是经过科学验证的切实有效的终极减肥法。它跟普通的减肥方法从根本上完全不同。因此，不管之前失败过多少次都没关系。"

"可是，我的自制力太差了，根本坚持不了。"心情差到极点的睦睦索性破罐子破摔。

即便如此，松代女士平静的表情依然没有改变。

"确实没办法坚持。很多减肥方法要求人控制糖分、控制热量，却没有告诉大家如何控制，只是一味地要求人坚持忍耐。但是，人不可能一直坚持下去。因此，从饮食行为学的角度来看，这些减肥方法行不通是必然的。我知道这听起来很极端，但睡睡坚持不了的行为是正常的。"

摆脱减肥误区的3种思维转换

"在美国，每3个人中就有1个人处于肥胖状态（体内脂肪堆积过多），每3个人中就有2个人超重。其实，全世界超重的人超过10亿，改善饮食行为已经不是个人问题了，而是迫切需要解决的社会问题。所以，我们需要一个真正的解决方法。我要教给大家的方法就是现在最引人注目的方法。大家明白了吗？"

她的讲解吸引了所有人的注意力。松代女士走到房间里的白板前，开始写板书。这时，大家切实地感受到她是一名大学教授。

"本来今天不打算讲课的。不过，还是想先让大家了解一些减肥误区。下面这3种思维转换对你们很有帮助。"

> **终极减肥法的3个特征**
>
> ① 不是改变食物，而是改变饮食行为。
>
> ② 不是压抑食欲，而是驾驭食欲。
>
> ③ 不是填满肚子，而是充实你的内心和大脑。

"'不是改变食物，而是改变饮食行为。'这一点很好理解。当我们说起减肥的时候，我们的注意力总是集中在'我应该吃什么''哪些食物的热量较低''应该按照什么顺序进食'等问题上。但在那之前，我们已经养成了'不够重视吃饭'这个坏习惯。例如，工作很忙的时候，你会不由自主地在几分钟内吃完午饭；心情焦躁的时候，你会拿起一袋零食一口气吃完。有这种坏习惯的人一般很难控制饮食。所以，首先要做的就是进行将注意力集中在'吃'这个行为上的训练。"

经常暴饮暴食的睦睦在一旁不停地点头，经常因为工作压力去便利店"爆买"的我也受到了一些启发。的确，以前我只考虑"吃什么"，却没想过"怎么吃""吃东西到底是怎么回事"。

"'不是压抑食欲,而是驾驭食欲。'刚才也说到了一些,不要一味地忍耐,要做食欲的主人。只要人活着,这种欲望就不会消失。正因如此,我们要做的不是和食欲正面对抗,而是要学会接受它、控制它。"

圣子和小卓静静地听着松代女士的话。强迫自己压抑食欲,最终导致暴饮暴食和催吐的圣子现在在想什么呢?忙于通过运动燃烧从食物中摄取的热量的小卓不就是松代女士说的与食欲正面对抗的人吗?

"'不是填满肚子,而是充实你的内心和大脑。'这是最重要的一点。饮食行为问题与内心不满足密切相关。大脑会发出'肚子饿'这个信号,很可能是因为内心没有被满足。一旦我们掌握了满足内在需求的方法,饮食行为就会从本质上发生改变。这将是我们一生的财富。"

"内心没有被满足",说的不就是我吗?一直以来,我好像都是通过吃东西来填补内心的空虚——我总是在主编轻蔑的目光下暴饮暴食。

"这种听上去像梦一样的方法真的存在吗?"

听了小卓的问题,松代女士安静地笑了笑,脸上因为微笑而出现的皱纹这时看起来也很迷人。

"大家真的准备好学习这个方法了吗？"

客厅里一片寂静。

先开口的是大和："我不参加。如你所知，我的胆固醇指标已经达到了正常水平的2倍。思维转换这种长期作战方式并不适合我。明天早上我就搬走。"

大和说完，并不理会我们的劝阻，径直朝自己的房间走去，然后关上了房门。

对于这个结果，松代女士似乎一点也不惊讶。

"那么剩下的4位应该都会参加吧。"

"我们该做什么呢？"大家似乎都有同样的疑惑。

松代女士回答道："想知道的话，明天早饭后在旁边的茶室集合。"

STEP 0

步骤 0

谈谈符合脑科学的减肥法

试着在安静的地方全神贯注

第二天，吃完早饭后，我们来到了KIBUSU的茶室。大和似乎一早就离开了，到处都找不到他的踪影。

话说回来，这间公寓到底有多大呀？我住进来已经1个多月了，竟然还有没去过的地方。当然，之前我并不知道这间茶室的存在。即使是我这种对茶道没什么了解的外行人，也能看出这间茶室的布置不亚于以前在京都禅寺里见过的茶室，相当地道。

最让我感动的是，松代女士特意为我们准备了和服。看着睦睦和我笨手笨脚的样子，圣子用娴熟的手法帮我们穿好了。松代女士为我准备的是搭配水蓝色腰带的群青色大岛绸（日本传统和服面料）和服。

我们3位女士先来到茶室。刚坐下，就听到身后的拉门开启的声音。走进来的是杉田先生。可能是因为穿着和服，他看起来格外精神。

过了一会儿，松代女士出现了。我能感觉到大家都屏住了呼吸。她身穿白色和服，上面有茶色的花纹，散发着古典气息。她只是静静地站在那里就已经美到让人屏息。

我们这些完全不懂茶道的外行人虽然很紧张，但还是按照松代女士的吩咐开始品茶。睦睦的脸皱作一团，仿佛在抱怨茶太苦。她慌忙吃了一块茶点，似乎对茶点的量太少感到不满。

为我们奉上茶水后，松代女士说："大家进入茶室后，注意到什么了？朋美先说。"

"嗯……这里很安静，有些昏暗。啊，不过松代女士特别美丽。"

"哎呀，谢谢夸奖。说到安静，你注意到什么声音了吗？"

声音？好像并没有注意到。我闭上眼睛，努力回想。

"啊，对了，刚才松代女士往茶釜（茶道中烧水用的锅、壶）里倒水时，茶釜发出的声音给我留下了深刻的印象。"

"真棒，你观察得很细致。其他人呢？"

"啊，您将茶粉倒进茶碗里时，用木铲敲了敲茶碗边缘。那个声音回荡在茶室中，听得我后背一紧。"

听了小卓的话，松代女士用力地点了点头。

"睦睦和杉田呢？"

"嗯……我听到我的肚子响了一声。"

"好……好吧,这个也算。"

"我没注意到声音,但我注意到了壁龛里装饰的鲜花。茶室内比较昏暗,鲜花的红色特别明显,非常漂亮。"

杉田先生平静地说道。

"太棒了!不愧是热爱烹饪的艺术家。花瓶里插着的是当季的红色山紫阳花。在这个空间里,大家会注意到很多东西。我再为大家泡一次茶,请大家集中注意力。"

这时,门被拉开了。大家回头一看,原来是一位陌生的中年女性。大和站在她身后。

"抱歉,打扰大家了。我是大和的妻子。之前他说了一些很任性的话,给大家添麻烦了。我想拜托大家允许他再次回到这里。他的肥胖程度实在太严重了,之前试过很多方法,根本控制不住。我希望大家能再给他一次机会,就带他来了。大和,快过来!"

大和被妻子从后面推着,不情愿地走到大家面前。

松代女士笑着回答:"当然可以。欢迎回来,大和。你怎么想呢?"

"没办法,我妻子不让我回家。"

"你在说什么?!我是让你在这里改变你的饮食习惯。"

在外人看来，仿佛是一个母亲在教训自己的儿子。

于是，再次集合的5个人坐在茶室里看松代女士点茶。

正如松代女士所说，集中注意力会注意到很多以前没有注意到的事情。例如，往茶碗里加热水的声音，用茶筅（点茶的工具）搅拌时发出的沙沙声，茶碗的颜色，用手托着茶碗时感受到的质感、重量和温度变化，茶的清香和味道……茶点虽然很小，但正因如此，注意力才会集中在它的味道上。

在这样朴素且寂静的环境里，每一处细节都被放大了。

"正念"是指冥想吗

"大家喝茶喝得开心吗？"松代女士背对着屏幕问我们。

换上便服的我们被带到了KIBUSU的家庭影院中。杉田先生不见了，大概是去准备午饭了。投影仪的光聚焦在穿着亮片长裙的松代女士身上，有一种晚宴秀即将开始的感觉。

睦睦回答了松代女士的问题。

"特别棒的一次点茶！抹茶和茶点的味道真的很搭。不过，茶点太小了，我很快就饿了……"

听了她的回答，大家哭笑不得。这时，松代女士按下了手边的按钮，屏幕上的画面变了。

Mindfulness

屏幕上出现了一个英语单词。

松代女士读了一遍，说道："刚才让大家在茶室里体验的就是'mindfulness'——正念。"

"正念？我好像在哪里听过……"

说出这句话的是大和，可以看出他正在努力融入大家。

"我也听过，其实就是指冥想吧？"我接着说道。

Mindfulness这个词最近很流行，作为媒体工作者，即使自己没有主动去了解也会接触到这个词。不过，如果让我具体解释这个词的含义，我是说不清楚的。

"没错！"松代女士笑着回答我们。

"的确，正念通常和冥想联系在一起。但是，它的含义比冥想简单。正念是指有意识地注意'当下'发生的事情。所以我在茶室里问了大家注意到的事情。"

"注意'当下'发生的事情？当时我一直在想午饭吃什么……"

说这句话的当然是睦睦。

"要做到有意识地注意'当下'发生的事情，需要练习。我们的大脑本来就特别容易走神，稍不注意就会想到'过去'或者'未来'。我们经常会想'当时如果能这样做就好了''那件事之后会怎么样呢'等问题。"

这说的不就是我吗？我总是会想起大堤主编说过的话和她的

表情,其他时候满脑子都是工作截止日期。总之,我心里想的不是过去就是未来。

"这是人类大脑的基本运行机制。所以,即使不能马上控制自己的注意力也没关系。大家要接受这样的自己。就算注意力从'当下'转移到'过去'或'未来',也不要强迫自己去控制它。这是正念的第2个要点。"

"听起来真是很玄妙。不过,我好像不是很擅长……"

正念的两个要点

① 保持热情,保持好奇心,关注当下发生的事情。

② 即使注意力分散了,也不必强迫自己去控制它,要学会接受。

对于小卓坦率的想法,松代女士似乎早有准备。

"正念源自东方古老的佛教,有与茶道相通的要素是理所当然的。不过,当正念传入西方时,已经完全脱离了原本的宗教性。实际上，脑科学、生理学、精神医学、心理学等领域的专家正在积极研究正念，它已经在科学层面上被证实是有效的。也就是说，正念不是那种'说不清为什么但就是有效'层面的概念。"

正念的好处

① 提高注意力　　　　　能够将注意力集中到一件事情上。

② 提高情绪调节能力　　更容易控制愤怒或焦虑等情绪。

③ 提高大脑认知力　　　能做出客观的判断。

④ 提高免疫力　　　　　能够提高对抗感冒等病毒性感染的免疫力。

*除此之外，相关学术研究报告证实正念对抑制衰老引起的脑萎缩与提升大脑记忆力等方面有积极影响。

86%的科学研究证明有效的减肥方法

"正念在这么多方面都有好处,那它也有助于减肥吗?"脑子一向转得很快的圣子问道。

"当然有效!我最近在UCLA进行的研究就跟这个有关。正念有助于改变人们的饮食行为,有大量研究结果可以证明这一点。基于这些研究结果,我研究出一种终极减肥法——正念减肥法。"

站在屏幕前的松代女士的眼睛开始发光,说得更起劲了。

"证明正念对减肥有效的研究确实有很多。汇总这些研究结果的综合分析研究表明,在验证正念效果的研究实验中,86%的研究证明其确实有改善饮食行为的效果。[1]我不得不说,这个概率相当高。其中有一些很有意思的研究,例如'饥饿学生饼干实验'。实验内容是给100多名处于空腹状态的学生分发巧克力饼干并观察他们的行为。这些学生被分为2组,一组接受过正念训练,另一组没有接受过正念训练。结果表明,没有接受过正念训练的学生吃的巧克力饼干更多，他们摄入的热量约为另一组的60倍，差距很大。[2]此外，其他研究表明，持续7~8周的正念训练能够有效减少压力性暴饮暴食等情况发生的次数[3]，也能让想吃东西的欲望减少。"[4]

"巧克力饼干真的很好吃……"果然，睦睦关注的永远是食物，"如果我进行正念训练，是不是就能少吃一些巧克力饼干了……"

松代女士笑了笑，继续说道："对于不由自主地吃甜食这种饮食行为，某项研究以近200名肥胖人士为研究对象，证实了正念的效果。该研究表明，坚持进行正念训练的人减少了甜食摄入量，血糖值也下降了。"[5]

"可是，我不认为这个方法能解决慢性肥胖……"

提出质疑的是肥胖体形的代表大和。

"证明这个方法对减肥有效的报告有很多。例如，对近400人从出生开始进行追踪研究的'新英格兰家庭研究（New England Family Study）'表明，正念水平高的人腹部周围的脂肪较少。腹部周围的脂肪是造成肥胖的重要因素。在基因层面，正念也能发挥作用。某项研究指出，正念可以降低引起肥胖及慢性炎症的相关遗传基因的活性。[6]这些晦涩的理论我就不展开说了。总之，相关数据表明,成年后变胖的人普遍正念水平偏低。也就是说,这类人很难集中注意力关注'当下'。"

"成年后变胖的人"说的就是我。我又想起主编脱口而出的那句"朋美以前挺瘦的呀"。一旁的大和沉默不语,似乎也有什么想法。

能够改善体重和BMI

"不过,大家最关心的问题是能不能瘦下来,对吧?"

圣子冷静地指出了问题的关键。看着圣子纤瘦的身材,胖胖的我、睦睦和大和无话可说。

松代女士撩了一下蓬松的金发,轻轻竖起食指。

"当然能。说实话,我对那些只关注体重和BMI(身体质量指数)的减肥方法持怀疑态度。不过,科学就是用数字来说明内容。许多数据可以验证这一点。[7]例如,某项实验将女性随机分为2组,一组进行正念训练,并与没有接受过正念训练的另一组进行比较。[8]这是一种叫作随机对照实验的可靠方法。结果表明,接受了4次2小时正念训练的女性的BMI平均降低了4%,体重减轻了2千克以上。似乎是因为暴饮暴食的频率降低了。"

"真的能瘦啊!太棒了!"

被松代女士判定为离厌食症一步之遥的运动狂人小卓眼里闪

烁着光芒。

看到他的样子，松代女士又郑重地补充道："但是，正念不仅仅是为了减肥，一定要牢记这一点。实际上，一些研究表明，进行正念训练的人3年来体重基本保持不变。[9]也就是说，正念有助于保持体重。从这一点来看，正念与传统的减肥方法有本质上的区别。"

BMI是什么？

体重（千克）÷[身高（米）×身高（米）]

根据上述公式算出来的数字就是BMI。这个指数不仅包括体重因素，还包括身高因素，具有医学参考价值。

BMI超过30表示肥胖（身体脂肪积累过多），超过25表示超重。在日本，据说每10个人中就有1个人属于肥胖，每2个人中就有1个人属于超重，比例远低于美国。因此，有些人认为有必要制定适合亚洲人的特定BMI标准。

松代女士开始总结："正念减肥法的目的不是改变体形和体

重,而是改变大脑本身。健康、苗条的体形和正常的体重都是可以实现的目标。从这个意义上说,它可能不应该被称为减肥方法,而是超越瘦身层面的一场饮食'革命'。你现在很胖,是因为你有一个'容易变胖的大脑'。如果不改变大脑本身,强行减肥,根本无法改变任何事情,最后只会不断重复'减肥、复胖'这个过程,非常痛苦。

"大家是否听过大脑有'可塑性'这个说法?人类的大脑可以通过持续的刺激发生改变。切实有效的方法就是正念。在接下来的日子里,正念减肥法会一点点地改变大家的大脑。虽然变化可能很小,但肯定会发生。请大家期待吧。"

我们听得热血沸腾。松代女士的话有一种不可思议的力量,让人觉得虽然自己还没开始做什么,但仿佛已经变成了理想中的自己。真不愧是世界顶级名牌大学的教授。

"午饭已经准备好了。"

不知何时,杉田先生出现在家庭影院门口。

"太好了!我都快饿死了。"睦睦开心地喊道。

无视吃饭乐趣的饮食限制都是徒劳

走进餐厅,等待我们的是杉田先生做的美食。松代女士今天跟我们一起吃饭。吃完早饭,在茶室里进行了正念体验,然后听了约2小时的讲座,现在已经接近下午2点了,大家早已饥肠辘辘,所以吃得格外开心。

松代女士边吃边说:"杉田的厨艺果然很棒!顺便问一句,睦睦,你吃东西的时候心情如何?"

"很开心!"睦睦元气满满地回答。

"看得出来。那反过来,长时间不吃东西是什么心情呢?"

"焦虑、空虚、难过、想吃东西!"

松代女士点了点头。

"是的,大家的心情应该是一样的。请记住,对大脑来说,吃东西代表快乐。在中大奖、按摩的时候,大脑的运行机制也是这样的,会刺激大脑的快乐中枢。"

"快乐中枢？"

"就是大脑中能感受到'快乐'的地方。我们吃下去的食物在体内转化为糖类，能够刺激大脑的快乐中枢。专业一点的说法是，刺激的是大脑的腹侧被盖区，使得与其相连的伏隔核释放快乐之源——一种名为'多巴胺'的物质。"[10]

这时我才意识到松代女士的讲座又开始了。在餐桌上听减肥讲座，真是不可思议的体验。

"很多东西能刺激快乐中枢，例如香烟、酒等。不仅如此，购物、浏览社交媒体、玩游戏等非实物体验也是同样的原理。"

人为什么会感到快乐

食物中的糖分刺激大脑的腹侧被盖区，使得与其相连的伏隔核释放"多巴胺"，人就会感到快乐。

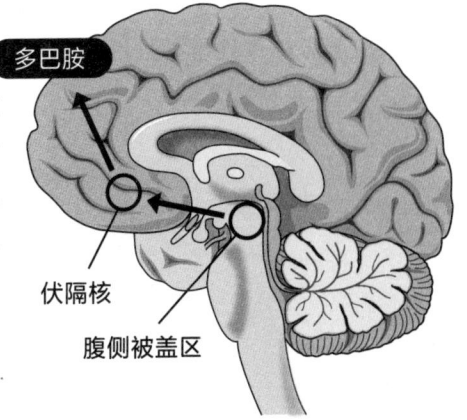

"接下来是提问时间。"松代女士继续说,"大家认为糖分和香烟哪个带来的快乐程度更高呢?"

"肯定是香烟吧。"

"其实,正确答案是糖分。我知道答案有些意外,不过仔细想想,对生物来说,'吃'是头等大事。为了不让我们忘记吃东西,大脑会将'吃东西'和'感觉快乐'紧密联系在一起。"

松代女士越说越兴奋,滔滔不绝。

"传统的减肥方法要么限制热量摄入,要么限制糖分摄入,都忽略了'吃东西'等于'快乐'这个基本的大脑机制。摄入的热量减少了,身体自然会变瘦,这个道理小孩子都能理解。但是,这些方法并没有告诉我们如何安抚想吃东西的欲望,最后只能靠自制力坚持下去。这些方法是对大脑的折磨。正是因为现有的减肥方法都停留在最浅薄的层面,才导致肥胖成为社会性问题。"

两个原因导致形成"无法变瘦的大脑"

"这就是因果……"圣子说,"本该让我们维持生命的食物反而成了我们生活中的障碍……"

松代女士双眼放光,说道:"这正是重点。对生活在现代社会的我们来说,食物唾手可得。从某种意义上说,这意味着食物创造了一个容易让快乐中枢失控的环境。其实,如果将'饿的时候才吃饭,吃饭只吃必要的量'视为标准,现代人的快乐中枢在某些地方是偏离正常轨道的。引起这种偏离的原因有两个——习惯和依赖。"

松代女士走到白板前,写下了"习惯"和"依赖"这两个词。

"举个例子,当你因为压力大而焦躁不安时,碰巧吃了点甜食,感觉心情好多了,就是因为你的快乐中枢被刺激了。如果仅仅是这样,并没有什么问题。然而,我们的大脑会'学习'这个过程,形成'压力→甜食→心情好'这个机制。所以,当我们再次感觉压力很大时，就会基于这种学习再次吃甜食。这种重复的过程会使'压力→甜食→心情好'这个机制得到加强，就是所谓的'强化学习'，最终形成'习惯'。这种'习惯'会对人类的行为产生影响。

"'依赖'的产生是因为大脑具有追求'更强烈的快乐'这种特性。如果反复、多次接收同等程度的刺激，就会让快乐中枢习惯这种刺激，渐渐无法获得快乐。因此，为了获得更强烈的刺激，人类会沉迷于增加刺激量。这是一种符合大脑科学的机制。有烟瘾的人就是典型的例子，那些每天暴饮暴食的人可能也是这样的。"

引起快乐中枢失控的两个原因

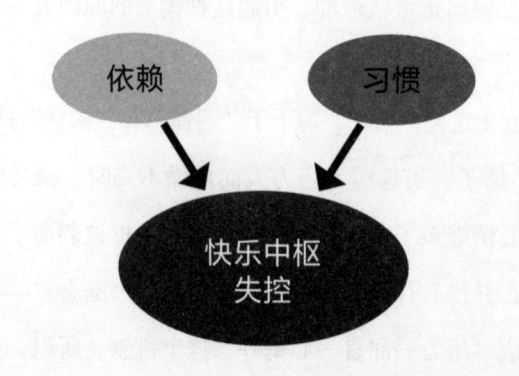

依赖　　习惯

快乐中枢失控

"呜呜呜……"

屋子里突然响起了猛兽咆哮般的声音。我转头一看,原来是睦睦在号哭。

"我……我总是失控,会因为见不到儿子而难受,然后开始吃巧克力。吃巧克力确实会让我感觉好一点,所以我会继续买巧克力。开始只吃1袋,现在有时候会吃掉3袋。习惯和依赖这两样我都占了,看来我这辈子都减不了肥了……"

看着睦睦难受的样子,真让我心痛。虽然我的程度不及她严重,但基本原理是一样的。不,应该说尽管表现形式有所区别,但这里的5个人都是因为习惯和依赖产生了问题。然后,大家尝试了各种减肥方法,最终相聚在KIBUSU。

正念减肥法分为5步

　　等睦睦平静下来，松代女士继续说道："睦睦，谢谢你对讲座内容的充分理解。确实如你所说，你的问题在于发生暴饮暴食行为之前的习惯和依赖。但是，你知道吗？能够认识到自己身上发生的问题已经是很大的进步了。你应该已经知道减肥失败的原因并不是你缺乏自制力或意志力薄弱了。所以，不要再尝试那些单纯靠努力和意志力的愚蠢的减肥方法了。"

　　睦睦静静地抬起头。她肯定从松代女士的话中感受到了什么吧。

　　大和打破了沉默："我已经充分了解到这是一个非常厉害的方法了。您现在可以教我们正念减肥法的具体做法吗？"

　　虽然他还是一如既往地说话不看气氛，但他说的正是我们心里想问的。我心里也充满了渴望，希望尽快学会这种方法。

　　松代女士露出了少女般的笑容："当然可以！不过，今天说得太多了，刚才又吃得很饱……事实上，我还没有调整好时差，现在很困。总之，今天只是个预告。大家还记得昨天说的'终极减肥法'的3个要点吗？之后我们要将这3个要点分为5个步骤。那么，大家晚安。"

松代女士将一张纸递给小卓，丢下目瞪口呆的我们，径直离开了餐厅。松代女士身上不仅有作为研究者的理性特质，还兼具优雅从容及自我的女性魅力。我们完全被她吸引了。

正念减肥法的5个步骤

阶段①
改善饮食

不是改变食物,
而是改变饮食方式。

摆脱习惯的惯性。

阶段②
管理欲望

不是压抑食欲,而是驾驭食欲。
不去对抗因依赖产生的欲望,
学会与欲望共存。

阶段③
自我满足

不是填满肚子,
而是充实你的内心和大脑。

探究欲求不满的真正原因,
正确地满足自己。

步骤①
改善饮食的方法
基础篇

步骤②
改善饮食的方法
进阶篇

步骤③
管理欲望的方法

步骤④
自我满足的方法
基础篇

步骤⑤
自我满足的方法
进阶篇

STEP 1

步骤 1

停止莫名其妙地吃东西——
改善饮食的方法　基础篇

在"机械进食模式"下忍不住想吃东西吗

第二天是星期天。下午,我们被叫去了厨房。这是大家第一次进厨房。跟预想的一样,厨房宽敞、明亮,配备了最新型厨房设备,简直是可以刊登在杂志上的梦幻厨房。

"哎呀,杉田先生今天看起来更帅了。"

小卓朝戴着厨师帽的杉田先生眨了眨眼。个子很高的杉田先生穿着白色的厨师服,看起来确实很帅。不愧是专业厨师,厨房里的他看起来和平时不一样。

"大家到齐了吗?"松代女士边询问边走了进来。她穿着带褶边的围裙,看上去像是定制的。

"今天大家都得下厨。"

"什么?!"听了松代女士的话,我们十分不满。

"我喜欢吃饭,但不喜欢做饭呀!还是杉田先生做的饭比较好吃。"

睦睦像往常一样心直口快，我们也点头表示赞同。

松代女士仿佛早就料到了这个局面，马上将围裙分发给我们。

"大家还记得我昨天说的话吧？由于习惯和依赖，你们的饮食很可能已经失控了。在这种情况下，你们首先要改变习惯。所谓习惯，就是会无意识地做某件事。也就是说，大家在吃东西的时候会进入'机械进食模式'，并不会关注眼前的食物，注意力都转移到了其他地方，同时机械地重复'吃'这个动作。简而言之，进入了一种大脑无法满足的状态。"

听了松代女士的话，我恍然大悟。从前，我因为压力过大而暴饮暴食时，只是不断地重复"吃"这个动作，几乎不记得自己吃了什么以及是什么味道。这不就是松代女士说的"机械进食模式"吗？在这种模式下吃东西，大脑却在思考别的事情。最终回过神来的时候，我已经吃多了。

"所以，首先要进行将注意力集中在食物上的练习，就像我们昨天在茶室里做的那样。通过这种方法，能改变你们和饮食之间的'关系'。接下来要做的就是第一步——'正念烹饪'。"

松代女士刚说完，杉田先生就端来了一口盛满水的大锅，锅里有一些红褐色的东西。

"锅里放的是赤豆。接下来请大家做赤豆沙。这些赤豆已经在水里泡了一夜。"

"什么？'豆啥'？能吃吗？"睦睦问道。

圣子突然想到了什么，对松代女士说："啊，我在电影里看过类似的情节！好像是河濑直美导演执导的《澄沙之味》，讲的是铜锣烧店的故事。"

"说得很好。这部电影的深意我们暂且不谈，电影里描述的就是一种'正念'。我希望你们也能体验一下。"松代女士高兴地回答。

"首先，仔细观察这些赤豆。"

锅里装着颜色鲜艳的赤豆。这些红褐色的豆子在水中摇晃，看起来令人心情很好。从厨房的窗户斜射进来的阳光照进锅里，使赤豆的表面熠熠生辉。盛放赤豆的锅似乎是由铜和锡制成的。

"这些是精选的北海道十胜产的优质大粒赤豆。"

听到这里，这些赤豆在遥远的十胜被收获、挑选，然后运往东京，最后来到我们面前的过程浮现在我的脑海中。

杉田先生将赤豆煮熟，然后用冷水仔细清洗。这一步叫作"去涩"。然后，我们将干净的水倒入赤豆中，赤豆发出令人愉悦的沙沙声。接着，用中火煮赤豆。在煮赤豆的几个小时中，我不时竖起耳朵听锅里发出的声音，或者观察赤豆表面发生的变化……

过了一段时间，大家发现赤豆的香气变了。这时，应该关火焖一会儿。为了防止软化的赤豆碎裂，在用流水冲去浮沫时动作要轻。接着用大火继续煮几个小时。煮的时候要不断搅拌，防止煮煳。煮到差不多的时候转小火，加入一块麦芽糖，煮至黏稠状。这样一来，KIBUSU特制赤豆沙就做好了。

"大家觉得'正念烹饪'怎么样？"

说实话，我们都很累。我们来厨房的时候是中午，现在天已经开始黑了。

"没想到做赤豆沙需要这么多道工序。"

我说出了自己的真实感受，松代女士满意地对我微笑。

"的确，当我们机械地进食时，很容易忽视自己吃的东西是经过怎样的工序制成的。更何况，如果我们去便利店，很容易就能买到铜锣烧或赤豆馅。'正念烹饪'就是通过烹饪将注意力放在食物的背景上，做饭的时候也更容易注意到食物的'来源'，不是吗？"

减肥从"饭前30秒"开始

我们做的赤豆沙最后被做成了赤豆年糕汤。杉田先生端来了装在高级漆碗里的赤豆年糕汤。可能是因为太饿了,甜蜜的香气让我们食指大动。

"哇!我要吃啦!"

"等一下!"

睦睦正要动筷子的时候,松代女士厉声说:"饭前大家要做一件事——'饭前仪式'。"

"饭前仪式?"

"大家想改变习惯,对吧?好不容易迈出了正念疗法的第一步——做好了赤豆沙,然后马上就开始吃,不是没有任何改变吗?请大家在饭前抽出30秒。"

松代女士继续说:"首先,你们必须意识到我们要吃的是什么。例如,现在你们可以在心中默念'我接下来要吃一碗赤豆年

饭前仪式

① 饭前调整心情。

② 仔细观察食物,想象它的"来源"(①和②大约花费30秒)。

③ 注意自己的呼吸,并关注身体的感觉。

④ 从1~10中选一个数字,用来表示"你想吃多少"(饥饿指数)。

⑤ 观察身体在盯着食物或闻食物时的反应。

⑥ 思考"为什么想吃这个东西"。

糕汤'，然后仔细观察它的外观和气味。不仅如此，你们还要想想它是如何来到你们面前的。赤豆是如何从北海道运到东京的？种植赤豆的人长什么样？"

我闭上眼睛，努力回想制作赤豆沙的过程。赤豆的外表不断变化、赤豆的香气和触感、大家齐心协力的样子……然后，我睁开眼睛，感觉眼前这些有漂亮光泽的赤豆沙看起来和便利店里的不一样，是世界上独一无二的赤豆沙。

"接下来，慢慢呼吸几次。不需要深呼吸。试着将注意力从面前的食物转到自己的身体上。现在，大家有多饿呢？如果将饿到不行了这种饥饿感设定为10级，现在大家的饥饿程度是几级呢？"

我原本以为自己的饥饿程度达到了10级，可是仔细一想，似乎并没有达到10级。想到这里，刚才无法忍受的饥饿感似乎没那么强烈了。

"然后，请大家将注意力再次放到赤豆年糕汤上。大家仔细观察赤豆年糕汤时，身体有什么反应呢？闻它的香气时，有什么感觉呢？请大家认真感受一下。"

当我把注意力集中在甜蜜的香气上时，我感觉肚子在叫，口中不由自主地充满了唾液。身体似乎在表达"想快点吃"这个强烈的欲望。

"原来想吃东西的时候身体会有这么大的反应呀？"小卓说道。

"身体的感觉能最直接地体现大脑的反应。但是，在'机械进食模式'下，我们根本不会注意到这些变化。我们要做的就是注意这些变化，这是我们所有努力的起点。"松代女士慢慢地用平静的声音说道。

"现在进行最后一步。我希望大家问问自己'为什么要吃这碗赤豆年糕汤'。肯定不仅是因为饿了吧？刚才花了很多道工序才做好赤豆沙，大家应该都迫不及待地想尝尝它到底有多好吃。这个步骤是希望大家除了充饥还能对品尝这顿饭本身有强烈的好奇心。所以，希望大家认真地询问自己的内心。"

"啊，太好吃了……我还想吃。"睦睦难过地说道。

这碗赤豆年糕汤比我吃过的任何赤豆年糕汤都好吃。可能有人会说这是因为赤豆沙是我们花了很多时间做出来的。不过，"饭前仪式"也起了很大作用。

松代女士放下筷子，双手合十，说道："确实很美味。摆脱'机械进食模式'的诀窍是创造'间隔'。从食物出现在面前到实际入口之间暂停一下也好，慢慢做饭也好，都是为了创造'间隔'。在这种'间隔'的作用下，大脑的'机械模式'十分脆弱。我们要做的就是创造'间隔'，让大脑摆脱习惯。"

改变饮食方式的诀窍 1

吃什么？

① 注意食物的性质（是甜食吗？是碳水化合物吗？是喜欢的食物吗？）以及打算吃多少。
② 用五感感受食物的外观、气味、味道和口感。
③ 想想食物是从哪里来的（产地、生产者）、如何来到餐桌上的（运输过程）、如何烹制的（烹饪方法、厨师的想法）等。
④ 注意同类食物之间的差异。

现在的你是由"以往的饮食方式"构成的——饮食练习

星期一晚上,当大家聚集在餐桌旁的时候,松代女士并没有出现。大家一起复习了一遍昨天刚学的"饭前仪式"。可能在饭前抽出30秒确实有用,至少我发现自己以前并没有将注意力放在"吃"这一行为上。

第二天早上,走进餐厅,我发现松代女士正等着我们。
"早上好。杉田告诉我,昨天晚上大家很认真地实践了'饭前仪式',非常棒!"
"谢谢您的表扬。不过,之后睦睦像一只收到'解除等待'命令的小狗一样,狼吞虎咽地开始吃饭。"小卓开了个玩笑。
松代女士点了点头,说:"这就是我今天想告诉大家的事。'饭前仪式'就是将注意力集中在接下来要吃什么这个问题上的训练。但是，关于'怎么吃'，还有改进的空间。例如睦睦和大和吃得很快、暴饮暴食等问题。这样一来，即使我们在饭前好不容易达到了正念状态，可是如果一开始吃东西就不受控制地往嘴里塞，不就又回到原点了吗？日本有一种非常好的文化——将主菜之间的小菜称为'hasiyasume（箸休め）'。其实，我们每吃一口就停一下筷子比较好。

"除了他们，一边玩手机一边吃饭的小卓和一边吃饭一边为工作中的烦心事忧愁的朋美也是一样的。如果不注意'吃的方法'，就摆脱不了'机械进食'这个'魔咒'。如果因工作太累而无法集中注意力，我们可以只将注意力放在其中一个方面上，例如味道。"

松代女士为什么会知道这些呢？的确如松代女士所说，昨天我又被大堤主编批评了，吃晚饭时心不在焉。

松代女士接着说："请圣子不要再执着于热量和体重，而是将注意力放在品尝食物上。可以思考一下食物中的酸、甜、苦、辣、咸等味道是如何达到平衡并刺激你的味觉的。"

"今天来试试这个。"

说着，松代女士取出了一个比火柴盒大一圈的小盒子，盒身印着"Golden Raisin"这两个单词。

"这是美国加利福尼亚产的'金葡萄干',我们一起吃吧。当然,这并不是单纯地让大家吃零食,而是让大家将注意力放到'吃'这个行为本身上的一种训练。"

然而,每个人得到的葡萄干只有1粒,原本欢呼雀跃的睦睦很沮丧。

"睦睦,现在还不可以吃。首先,作为第一次见到这种葡萄干的人,要好好观察一下。请大家将葡萄干放在手心里,仔细观察。它是什么颜色的?是什么形状的?你们能感受到它的重量吗?能感受到它表面的凹凸和褶皱吗?试着晃动手掌,是否有黏糊糊的感觉?用手指捏一下,能感受到弹性吗?然后闻一下它的气味,应该是淡淡的甜香吧?再将葡萄干放在耳边,用指尖轻轻摩擦,会发出什么样的声音呢?用手指敲击的话,声音就会改变,对吧?将葡萄干放在唇边的触感如何?和用手指抚摸的感觉有什么不同呢?在这些过程中,最重要的是对葡萄干保持最大限度的好奇心,调动五感,将注意力集中在葡萄干上。"

虽然大家脸上都露出了不可思议的表情,但还是按照松代女士的要求开始观察葡萄干。我从未在吃葡萄干之前闻过它的气味,不过现在确实闻到了一丝淡淡的甜香。我将葡萄干放在唇边,不由自主地开始分泌唾液。这时,睦睦的肚子叫了一声,大家都在努力忍笑。

松代女士继续说:"现在大家可以把葡萄干放进嘴里。不过,请先别嚼。请大家思考一下,将葡萄干放进嘴里时,胳膊上的肌肉是怎样运动的?再将注意力放在嘴里,仔细感受一下口腔黏膜和牙齿的感觉。当然,这时味蕾应该已经有反应了。是不是能感受到淡淡的甜味?跟刚才用鼻子闻到的气味有什么区别呢?"

这是我第一次将注意力放在吃东西时胳膊的动作上。这种动作重复过上万次,完全是一种机械的无意识行为。

"请大家慢慢咀嚼葡萄干。弹性怎么样?葡萄干内部的味道如何?和刚入口时的甜味有什么不同?葡萄干内部有多柔软?有黏性吗?请充分注意口中的味道和感觉。如果你慢慢咀嚼,身体会不由自主地想吞下葡萄干。请大家一一注意这些变化。最后,请大家静静地吞下葡萄干。你是否能感觉到咀嚼过的葡萄干经过喉咙、食道,最终进入胃部呢?"

我照着松代女士所说的慢慢咀嚼,自然的水果甜味在口中蔓延开来。与此同时,一股从未体验过的芳香扑鼻而来。这时,杉田先生少见地开始为大家解说:"用来制作金葡萄干的葡萄种类及处理方式非常独特。我们将发酵阶段产生的香气称为'品种香',发酵后产生的香气称为'发酵香'。用松代女士刚才介绍的方法品尝的话，就可以很容易地分辨出这两种香气的不同。"

"最后……"松代女士看着大家说，"刚才大家吃下了1粒葡萄干，请将注意力放在体重的变化上。"

一向对体重很敏感的小卓皱了皱眉，表现出一副欲言又止的样子。

"这是改善饮食的一种方法——饮食练习。这种用葡萄干进行练习的方法已经被广泛采用，有时也被称为'葡萄干训练法'。

改变饮食方式的诀窍2
怎样吃？

① 在开始吃之前留出时间（"饭前仪式"很有用）。
② 吃饭时不做别的事情（不看手机、电视等）。
③ 不要吃得太快（每吃一口就停一下筷子这种方式很有用）。
④ 如果吃饭时被其他事情困扰，可以先集中精力处理这些事情，再将注意力放回吃饭上（饮食练习）。
⑤ 尽量和别人一起吃饭。关注同伴的饮食习惯能有效减少内心的不安感。吃饭时和同伴交谈能够提高满足感。
⑥ 自己做饭、收拾厨房，综合了解饮食全流程。

饮食练习

饮食练习适用于各种食物和场景,将吃葡萄干当作简单的练习方法会更容易理解。

① 将注意力放在即将吃下去的食物的触感上。

② 注意食物的外观、气味、用手碰时发出的声音、碰到嘴唇时的感觉。

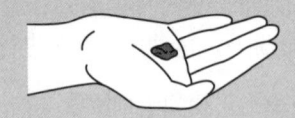

③ 将食物放进嘴里,注意舌头的感觉及唾液流出的方式。

④ 咀嚼食物,将注意力放在口腔中的触感和味道上。还可以想象一下食物是如何做出来的。

⑤ 吞下口中的食物,注意食物经过咽喉和食道的感觉。

⑥ 注意吃下食物后的体重变化。

"在这个过程中,你们一定会想,为什么要让你们做这么奇怪的事呢?其实,在你们注意力不集中时,只要意识到这一点,将注意力重新放到食物上即可。如果大家有时间,建议大家将自己的饮食模式记录下来,写成'饮食日记'。不仅要记录吃了什么,还要记录你是怎么吃的。相关研究表明,关注如何进食有助于保持体重。"[11]

创建"饥饿原因列表"

从第二天开始,大家吃饭的时间明显变长了。除了饭前仪式,还加入了饮食练习,这是必然的结果。

自从我开始实践饭前仪式和饮食练习,最让我吃惊的是,我发现吃饭时我的大脑充满了杂念。以前我完全没意识到吃饭时我的大脑将大部分时间花在了烦恼其他事情上。虽然现在通过饮食练习让自己将注意力放到食物上,但是稍有疏忽的话,脑海里就会浮现白天大堤主编对我说的话以及她冷漠的表情。没想到将注意力放到食物上这么难。

令人烦恼的是,我和睦睦的体重一点也没有变轻。

不过,这是意料之中的事。起因是我开始进行饮食练习几天后的晚上发生的事。那天晚上,我突然听到了敲门声。打开一看,原来是睦睦。那时已经过了晚上10点。

"经过这几天的练习,虽然我已经可以慢慢地吃饭了,但你不觉得杉田先生做的饭量太少了吗？一到半夜我就饿了。"

之后，睦睦提议偷偷溜出去吃夜宵。本来我可能不会接受这样的提议，可是那天白天我被大堤主编教训了一顿，心里烦躁得厉害，不由自主地同意了。

我们走到惠比寿，进了一家叫作"AFURI"的拉面店。那家店的柚子盐拉面将柚子特有的风味融入细面中，那种美味难以用语言形容。第二次，我们在目黑的"维新"拉面店悄悄吃了一碗特制酱油拉面。浓郁的汤底搭配鸡肉叉烧和馄饨，堪称完美。如果美味按百倍计，那么我心中的罪恶感有几千倍。

某天晚上，我们5个人一如往常地在餐厅里吃晚饭时，松代女士走了进来。她平时不在KIBUSU，有时候我们会一段时间见不到她，所以我们对她的到来感到很惊讶。

"大家做得很棒！"

松代女士擅长夸奖别人。她的笑容很可爱，看上去不像是上了年纪的人。她的夸奖让我们觉得自己正在进步。所以，我的心因为内疚而刺痛。

"经过练习，关于'吃什么''怎样吃'，大家好像进步了不少。所以，今天我们要进入改变饮食的最后一个阶段——'为什么吃'。"

"学了'what'和'how',现在要学'why'了。"大和说道。

"没错!大和说得对。而且,将注意力放在'why'上比注意'what'和'how'更重要。将来大家面对想吃东西的欲望时,如果能真正了解原因,会有更好的效果。对了……睦睦!"

"在!"被松代女士突然点名的睦睦急忙回答。

"你吃东西的原因是什么呢?"

"肚子饿的原因……大概是吃的甜食不够吧。"

听了她的话,大家一同笑了起来。松代女士有些无奈地继续说道:"我们吃东西的一个重要原因是摄取热量以支撑日常活动。不过,仅仅是这样吗?难道我们每次吃东西都是因为身体需要热量吗?刚才睦睦说的'吃的甜食不够'这个原因,希望大家能够进一步挖掘。不过,为了真正了解'为什么吃',还需要一些训练,不是一朝一夕就能完成的。"

的确像松代女士说的那样,我总是在没必要吃东西的时候吃得太多,结果胃里难受,心里后悔不已。

"肚子不饿却吃了东西的情况一般发生在什么时候呢?"

"一般是焦虑的时候以及生理期。"圣子说道。

"我会在压力比较大的时候以及感觉无法满足的时候吃东

西。"我也坦诚地说道。

"我是在无聊的时候或闲着的时候不知不觉地开始吃东西。"大和先生突然说道。在大家的注视下,他继续说:"另外,我在需要做一些不愿意做的事情的时候也想吃甜点。例如我在妻子让我打扫卫生的时候或不得不给部下救急的时候会不小心吃多。说实话,这个正念训练是因为妻子让我做我才做的,对我来说更像是一种压力。"

餐厅里鸦雀无声。松代女士毫不在意,接着说:"大家说得没错,我们'吃多了'的主要原因并不是身体缺乏热量,而是一种'不满足'的状态以饥饿的形式表现出来。因此,我们要做的第一件事就是找到饥饿的真正原因。我会给大家一张'饥饿原因列表',请大家将刚才说的原因写下来吧。"

我们拿着杉田先生发的正方形便笺,一边思考一边写下吃东西的原因。然后,松代女士将大家写好的便笺贴在了一张很大的绘画用纸上。

饥饿原因列表

- 缺乏热量（其实，吃饭是必要的！）
- 焦虑
- 压力
- 无聊
- 生理期
- 身体不舒服
- 有一些不想做的事
- 习惯
- 看到食物了
- 喝酒之后
- 胃里难受

＊请根据自己的实际情况创建自己的列表。

"最有效的是制作自己的专属列表。不过，住在KIBUSU的时候，大家共用这个列表就可以。如果大家想起了其他原因，可以随时补充。每次吃东西前，大家可以参考这个列表，认真思考自己为什么要吃。"

"不过，对于'为什么要吃'这个问题，我们可能并不是很清楚。也许是因为肚子真的饿了，也许是因为压力，也许是两种原因都有。"圣子道出了心中的疑惑。

"说得好。为了帮助大家找到'真凶'，我准备了3条线索。请大家'化身'福尔摩斯，根据这些线索进行推理吧。"

松代女士的脑袋仿佛是哆啦A梦的四维口袋，总能飞出一个又一个令人惊叹的方法。

"首先是'一口测试'，即尝一口眼前的食物。只能吃一口哦！而且，吃的时候要像做饮食练习那样，充分调动感观，注意食物的外观、香气、味道和吃到嘴里的感觉，观察身体对吃下这一口食物的反应以及饥饿程度（0~10）的变化。这是一种训练，在不断观察的过程中，我们能够从身体的反应中找到想吃东西的原因。

"接下来是'情境证据'。这一点很简单，就是在吃东西之前回忆一下当天吃了什么、吃了多少以及吃东西花费了多少时间。

我们暴饮暴食的时候一般不会回想这些,只是习惯性地将食物送进嘴里。前几天做赤豆沙的时候也讲过,在吃东西之前留出空当,从科学的角度来看是很有效的。如果你显然并不缺乏热量,但产生了想吃东西的欲望,那就是'暴饮暴食'的危险信号。

"最后是'压力测试'。这一点可以在饭前仪式时同步进行,有意回想让自己感觉有压力的事,并关注自己的身体会发生什么样的变化。如果饥饿感变得更强烈了,那么当下想吃东西的欲望很有可能是压力带来的。

"怎么样?大家知道自己为什么想吃东西吗?睦睦,朋美,你们为什么要在深夜偷偷溜出去吃拉面呢?"

大家的视线一下子集中到我和睦睦身上,这些视线仿佛有实体般穿透了我们的身体。原来松代女士什么都知道。睦睦在我身边蜷缩起身体,仿佛想要原地消失。

"对……对不起。"被揭穿的我们只能老老实实地道歉。

"没关系,正念疗法的基础就是'感受'。所以,你们首先要充分感受当时想出去吃东西的原因。如果能够感受到自己当时是因为压力而想吃东西,也是一种进步。压力很大的自己、饥饿感因为压力而变得强烈的自己、机械地将食物送进嘴里的自己……充分感受这些不同状态下的自己是很重要的。找到原因后千万不要责备自己,也不要试图强迫自己消除压力。不掺杂任何价值判断的话,你会发现'原来我的饥饿感是这种机制导致的呀'。我们要做的是找到'真凶'。至于如何抓住'真凶',后面再告诉你们。"

改变饮食方式的诀窍 3

为什么吃?

① 饥饿原因列表:提前列出想吃东西的原因,吃东西前思考自己属于哪种情况(有时可能符合多种情况)。

② 一口测试:全神贯注地吃一口食物,观察身体和情绪的变化。根据经验判断哪种反应与真正的原因导致的反应相近。

③ 情境证据:吃东西之前留出时间回忆当天吃了什么、吃了多少以及吃东西花费了多少时间。

④ 压力测试:回想让自己觉得有压力的事情,并关注身体的变化。如果饥饿感因此变得更强烈,说明当下的食欲很有可能是因为压力产生的。

第 1 周

脑科学减肥法实践日历

步骤1　改善饮食的方法　基本篇

第1天　正念烹饪（见第49页）

第2天　饭前仪式（见第53页）

第3天　继续实践饭前仪式

第4天　休息日

第5天　饮食练习（见第62页）

第6天　继续实践饮食练习

第7天　创建"饥饿原因列表"

*饭前仪式每餐饭之前都要进行，饮食练习尽量每天进行1次。
*如果你有充裕的时间，现在就开始写饮食日记吧。

STEP 2

步骤 2

不依赖自制力的饮食方式——
改善饮食的方法　进阶篇

让大脑"重新学习"不同于以往的饮食习惯

"好久不见,一起吃个饭吧。"

几天前,我收到了一条短信。那条短信来自我从大学开始交往并于几年前分手的前男友俊平。和我同龄的他好像正在和一个女大学生交往,工作似乎也一帆风顺。但不知为何,他时不时地联系我,约我见面。

我也不知道自己为何没有拒绝。时隔3个月左右再次见面的我们去了学生时代不敢踏入的高级居酒屋,尽情地吃了想吃的东西,这是我们的固定流程。我第一次没有遵守"要在KIBUSU吃晚饭"这条规则。

吃完晚饭,俊平带着令人讨厌的轻松表情向我告别,离开了居酒屋。俊平走后,我开始看他的社交网站主页。自从和他分手,我一直有意屏蔽他的消息,刻意不去关注他,但这时我可能已经心软了。我在他的主页看到很多张同一个女孩子的照片,应该是他现在的女朋友吧。她比我苗条，个子高，身材好，看上去像个模特儿。相比之下，我……

"要是没看就好了……"

这个念头猛然出现。我急忙关闭手机程序，但已经晚了。

"我们是在进步还是退步呢？"

圣子在餐桌上开始发牢骚。自从学习了饮食练习，我们按照松代女士的要求每晚都会实践。尽管如此，我们之间还是弥漫着一种难以言喻的停滞感和焦虑感。当初，我们被"减肥训练营"这个概念吸引，可是进入KIBUSU之后一直都在做注意力训练。每餐吃的饭不是很多，但也不是太少。因此，体重没什么变化，也感觉不到任何外表上的变化。圣子的抱怨代表了大家的感受。

不过，最不满的还是圣子。之前，圣子会尽量避免晚上工作，和大家一起吃晚饭。但她已经连续3天没有在晚饭时间出现了，难道又在外面暴饮暴食吗？而且她早上才回来的次数也变多了。今天好不容易和大家一起吃晚饭，就说了这样的话。

"大家最近怎么样呀？"

走进餐厅的是身穿黑色晚礼服的松代女士。距离上次见她已经过去1周了。她似乎刚参加完聚会，可能喝了些酒，脸颊微微泛红。

"松代女士真幸福啊，一个人在外面吃好吃的。"

面对圣子阴阳怪气的声讨，松代女士淡淡地回答："是的，今天的晚饭非常美味。我去的是一家以肉食闻名的餐厅，店里的红酒也很棒。有机会的话，还想再去一次。不过，圣子你呢？"

"我……我怎么了？"圣子预料到松代女士会反击，摆好了应对的架势。

"最近圣子在外面吃饭的频率很高呀。我不会强迫大家，但是从现在开始，如果有人连续5天不在KIBUSU吃晚饭，我就会采取'强制毕业'措施。希望大家都记住这一点。朋美，知道了吗？"

看来松代女士知道前几天我因为和俊平出去吃饭而错过晚饭的事了。

"这种状态要持续到什么时候呢？"

大和丝毫没有感受到现场紧张的气氛，开口问道。此刻，他的那种迟钝感弥足珍贵。

松代女士答道："我知道你们现在很沮丧。但是，你们的饮食习惯已经持续了多少年呢？至少有10年吧？你们觉得能在两周内改变吗？不可能！请记住，我们面对的是'习惯'和'快乐'这两个强大的敌人。它们都是大脑长时间学习的产物。现在大家感受到的是逆向学习带来的痛苦。想改变长年累月形成的习惯，需要花费一定的时间来重新学习。请大家放心，因为此时此刻，你们的大脑一定在发生改变……"

"真的吗？"小卓怀疑地问道，"我一直不觉得自己在饭前仪式和饮食练习方面有所进步。吃东西的时候还是会担心饭后要做什么运动……"

听了小卓的话，松代女士回答："其实，饮食练习和饭前仪式都是正念疗法的应用。如果没有习惯这个体系，实践的时候可能很难找到感觉。所以，本周末要通过一些基础练习来提高大家的技能。"

"那为什么不先学习基础知识，再进行应用呢？"小卓继续问。

"正念减肥法是以与饮食有关的方法为中心建立起来的一种特别体系。基础训练的最终目的也是改善饮食。而且，从大家最关心的部分开始做起会更容易接受。"

正念减肥法流程

① 饭前仪式（见第53页）。
确认"吃什么"和"为什么吃"。

② 饮食练习（见第62页）。
关注"怎样吃"，将注意力放在食物、吃的动作和身体的变化上。

③ 体会吃完食物的满足感。如果吃完还是觉得不满足，再次确认自己"为什么想吃"。

*积极参与制作食物、搭配食物、餐后整理的过程，关注饮食全流程。

"身体扫描"：倾听身体的声音

星期六是梅雨季节里罕见的晴天，阳光明媚。我们5个人聚集在KIBUSU的露台上。来之前被告知"要穿一身方便活动的衣服"，是不是要进行残酷的锻炼呢？除了被松代女士称为"运动狂"的小卓，其他人都有些紧张。

过了一会儿，松代女士和杉田先生来了。身穿名牌运动服的松代女士看上去还是那么可爱。她穿上运动服更显身材，并不会让人觉得她年纪大了。我看了看自己胖乎乎的身材，有些自卑。

穿着运动服的杉田先生给人的印象和平时大不相同。看来学生时代的他经常运动。

"大家的正念疗法训练已经进行了十几天。这些训练可以帮助你们建立良好的饮食习惯。今天我们要学的是正念疗法的基础。之前我说过，当我们将注意力放在食物上时，身体的感觉非常重要。它会让我们知道自己有多饿、身体对食物产生了哪些反应,还能让我们倾听身体的声音。"

杉田先生拿出了几块瑜伽垫,铺在地上。

"现在,请大家躺在瑜伽垫上,开始进行基础练习之一——'身体扫描'(见第82页)。"

"请大家慢慢地睁开眼睛。"

听着松代女士平和的声音,我慢慢地睁开了眼睛。初夏的阳光洒在露台上,让人感觉很舒服。这种新鲜的感觉包裹着身体,仿佛能除去体内的毒素。

"根据2016年《时代周刊》的一项研究……"[12]我们躺在瑜伽垫上,听松代女士的解说,"身体扫描对调整进食量很有帮助。这个实验的参与者被告知'想吃多少巧克力饼干就吃多少',并且在吃巧克力饼干之前得到了一些数量不同的零食(士力架)。参与者被分为2组,一组事先什么都没做,另一组事先进行了身体扫描。实验表明,事先什么都没做的那一组不管在吃巧克力饼干之前吃了多少零食,都是想吃多少巧克力饼干就吃了多少。相比之下,事先进行了身体扫描的那一组倾向于根据事先给予的零食量来调整自己的进食量。也就是说,他们对身体的饥饿感或饱腹感的感觉更敏锐。"

"士力架和巧克力饼干想吃多少就吃多少……我也想参加这样的实验。"

睦睦的关注点总是和别人不一样。

松代女士继续说:"通过注意身体的各个部位,特别是平时不会注意到的脚趾等部位,能够让自身的感觉和注意力更加敏锐。经过反复练习,就会拥有能够倾听身体声音的'耳朵'。建议大家每晚睡前练习一遍。

"我们的心像一条浑浊的河流,为生活中的各种事情担忧,承受着眼前的压力和对未来的迷茫,还会被过往牵绊……年复一年,河底的泥沙越积越多,我们自然看不清自己的内心。正念疗法能够帮助我们清除心中的泥沙。如果我们的内心不再被纷杂的事情干扰,就能看到以前看不到的东西。"

身体扫描的6个步骤

锻炼通过身体感觉得知为什么想吃、想吃多少等问题的"传感器"。

准备环节

① 仰面躺着，闭上眼睛。

双手自然地放在身体两侧，手心朝上。也可以坐着或者睁着眼睛（对于姿势没有特定要求）。

② 想象你的身体陷入地板中。

想象自己的身体不断下沉。重点关注脚后跟、臀部、背部、肩膀和头部等部位，感受身体和地面接触的感觉。

③ 将注意力放在呼吸上。

尽量用鼻子呼吸。注意吸气和呼气时腹部和胸部是如何运动的以及空气通过腹部和胸部时的感觉如何。

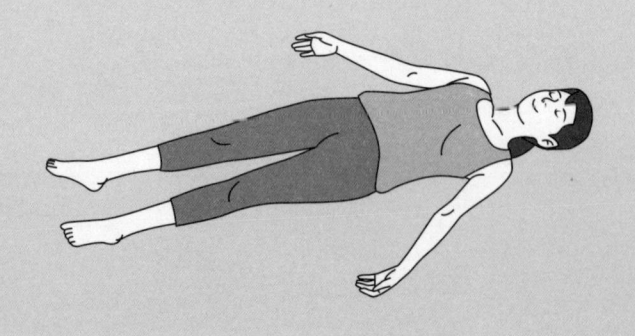

准备完成

① **先将注意力放到左脚的每一根脚趾上,保持均匀的呼吸。**

仔细注意每一根脚趾。想象一下,当你吸气的时候,从鼻腔进来的空气穿过你的身体,到达左脚;当你呼气的时候,空气从左脚开始上升,穿过你的身体,然后从鼻腔里出去。重复数次。

② **将注意力转移至左脚脚后跟以下的部分,保持均匀的呼吸。**

和步骤①一样,注意脚底表面的形状及温度、脚后跟接触地板的感觉、脚背、脚踝。想象空气从鼻腔进入身体,到达左脚处,再通过鼻腔呼出的过程。

③ **注意整条左腿,保持均匀的呼吸。**

和步骤②一样,将注意力放在整条左腿上。之后在右脚、右腿上重复步骤①~③。在这个过程中,不管我们多么努力地集中注意力,也经常会走神。意识到这一点时,不要责怪自己,只要慢慢地将注意力放回身体上即可。

④ **将注意力放到上半身,保持均匀的呼吸。**

按照骨盆、背部、腹部、胸部这个顺序重复转移注意力及引导呼吸的步骤。最后将鼻腔吸入的空气引导至整个躯干部分,特别是胃部附近,这对后续感受饥饿感和饱腹感有很大的作用。锻炼腹部的感觉非常重要!

⑤ **将注意力放在脖子以上的部位及整个面部,保持均匀的呼吸。**

按照脖子、下巴、嘴唇、牙齿、脸颊、眼睛这个顺序有意识地引导呼吸。将自己的脸想象成一个面具,然后想象空气进入脸颊和面具之间的区域。吸入干净的空气,呼出浑浊的空气。

⑥ **想象从头顶向全身输送空气的过程,保持均匀的呼吸。**

想象自己的头顶有一个小孔,空气从这个小孔中进入身体,向下到达脚趾。然后,空气在体内循环一周,带走了污秽,再从头顶的小孔中排出。将整个过程想象成通过呼吸净化身体的过程。

增强减肥基础能力的训练——呼吸聚焦法

第二周的星期三晚上,所有人都在餐厅里吃饭。自从星期六学会了身体扫描,大家的动力似乎恢复了一些。

在这似乎没有尽头的梅雨季节,屋子里也回响着不间断的雨声。可能是因为一直在下雨,我总觉得有点不舒服。我很想将注意力集中在杉田先生做的饭上,却不由自主地想起了工作上的烦心事。今天很不顺利。

"晚上好。看来大家都到齐了。"松代女士像往常一样突然出现。

"那天之后,大家有没有好好练习身体扫描?"

大家都心虚地笑着。在工作日每天练习是很困难的。如果我很累,就会偷懒。

"算了,这不是重点。我给大家买了礼物。今天中午我在筑地吃午饭,回来的路上顺便去了一家叫作'松露'的店。那家店的厚蛋烧特别有名,我想让大家尝尝。"

松代女士一如既往地在我们面前毫无保留地谈论美味佳肴。

"哇,太好吃了!鸡蛋的鲜美和汤汁的香味融合在一起,简直太棒了!"

睦睦非常兴奋。其他人也开心地品尝着美味的厚蛋烧。首先仔细观察厚蛋烧的样子,然后慢慢地送进嘴里。不要马上咀嚼,要尽情享受厚蛋烧的口感和香气。这就是正念带来的乐趣。

"松露是一家很有名的店,对于食材十分讲究,用的是茨城县产的'都路鸡蛋'。"

杉田滔滔不绝地说着这家店的情况。不愧是专业料理人,一说到食物话就变得格外多。

"大家好像都很努力。其实,美食是人生不可或缺的一部分。"

对于松代女士的话,大家都表示同意。我却感到莫名的不自在。或者说,一直以来,我吃厚蛋烧时总有些不舒服的感觉。

"对了……"我看大家都吃得差不多了,便打破了沉默,"这次我提出的新闻网站企划案可能会通过。"

今天不知道是什么日子,会议结束后,大堤主编把我叫去,说要重新研究我曾经被驳回的减肥新闻网站企划案。我之前跟大家说过,我的梦想是创建一个自己策划的新闻网站。

"哇!你太厉害了!"睦睦的反应最直接。

"你打算创建一个什么样的网站呢?"小卓问道。

"具体内容还没想好,不过我打算以'减肥'为主题……"

大和说:"要是这样,就不愁没有素材了。"

"不过,总觉得压力很大……"

"别担心。网站建好了请告诉我,我一定会看的!"圣子的话让我受到了鼓舞。

"恭喜!朋美做的网站一定特别棒。"杉田先生直率的笑容十分耀眼。

虽然提前收到了大家的祝福,但我还是感觉很紧张。我无法集中注意力正是因为这件事。

"话说回来,松代女士,前几天学的身体扫描总让我犯困。"

圣子的话引起了大家的共鸣。

"确实,很多刚开始进行正念练习的人都出现了'犯困'或者'睡着了'等情况。不过,正念和放松根本不一样。熟练之后,练习者的意识反而会更加清醒,接近觉醒状态。如果坚持下去,你就不会感到困倦。不过,如果你们很忙或者很累,可能没有时间进行身体扫描。所以,今天我要教大家一种基础训练方法。这种方法在任何时候都可以很轻松地进行。它的名字叫作'呼吸聚焦法'。"

呼吸聚焦法的4个步骤

将注意力集中到呼吸上，消除大脑中的其他杂念，对了解自己的内心很有帮助，还能有效地降低一边做其他事情一边吃东西的频率，摆脱"机械进食"模式。要学会不与自己的内心及想吃东西的冲动斗争，也不去控制它们。

① **坐在椅子上，背部和椅背之间留出空隙。**

将背挺直，放松地坐在椅子上。双腿不要交叉，自然地放在地面上。将手掌放在大腿上，闭上眼睛。如果不想闭眼，就将目光轻轻地聚焦在2米开外的地方。也可以坐在沙发上或者直接坐在坐垫上。

② **注意身体的感觉。**

注意脚和地面接触的感觉、手心和大腿接触的感觉。

③ **注意自己的呼吸。**

用鼻子呼吸，不必深呼吸。注意空气从鼻腔进入体内并通过胸部进入腹部带来的起伏感。还要注意呼吸的速度、深浅和鼻息温度的不同。想象自己是在洞口等待老鼠的猫。

④ **将注意力再次转移到呼吸上。**

过不了多久，你的脑海中就会浮现出其他想法（这是很正常的现象）。意识到这一点时，只要慢慢地将注意力再次放到呼吸上即可（不必责备自己）。重复这个过程，让这种状态持续10分钟左右。

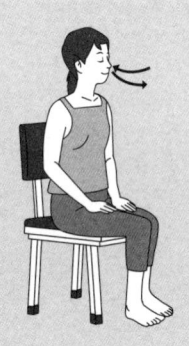

"呼吸聚焦法是所有锻炼注意力的正念疗法的基础。我之前说过，吃东西很容易变成机械的无意识行为，而呼吸正是一种典型的无意识行为。即使我们什么都不做、什么都不想，也会无意识地保持呼吸。反过来说，我们可以通过呼吸随时随地进行正念练习。即使内心感到迷茫，只要将注意力放在呼吸上，就不会随波逐流。从这个意义上说，呼吸是'意识的锚'。"

为想吃东西的欲望取名

"这和减肥有什么关系呢?"

听完松代女士的说明,小卓提了一个问题。

"问得好。大家都用社交网站吧?在社交网站上获得的点赞越多,就越想得到更多点赞,对吧?从脑科学的角度来说,这种心态和你想吃更多东西时的心态没什么不同。

"从科学层面讲,研究人员将这种强烈的欲望称为渴求。当渴求增多时,大脑中一个叫作后扣带皮层的区域就会变得活跃。如果继续实践呼吸聚焦法等正念疗法,后扣带皮层的活动会减少,你的大脑就会发生变化,以免被'想要更多'这种强烈的欲望所驱使!"[13]

"我的渴求一定是个强劲的对手。"睦睦嘟囔着,"稍微松懈一下,就会不知不觉地朝甜食伸手……我劝自己别那么做,却总是做不到。"

"睦睦，你这样不行。说实话，我不知道为什么这么辛苦。大家都太没自制力了。"

小卓难得用这么强硬的语气说话。最近他似乎又没有通过模特儿选拔，饭后运动比以往任何时候都努力。

"小卓，我之前也说过，'减肥需要靠自制力'这个说法是毫无根据的假设。[14]请记住，我教大家的减肥法并不是一场自制力的较量。"

听到松代女士的话，小卓反驳道："但是，如果不靠自制力，我们该如何战胜渴求呢？"

"不，我们要做的并不是战胜它。这不是一场非胜即败的战斗。现在我们一起给大家的渴求取个名字吧。睦睦，你有什么好主意吗？"

"嗯……可……可可巧克力？"

我和杉田先生、小卓面面相觑，不知道这个名字的含义是什么。不过，似乎跟很久以前的一档特别节目有关，那个节目里有一个像章鱼一样的角色。圣子和大和似乎明白了，笑嘻嘻的。

"想吃东西"这种欲望来自后扣带皮层

后扣带皮层

人类的欲望会随着大脑中后扣带皮层区域的活跃而增强。这个部位关系着对自己和其他事物的沉迷。正念对抑制这个部位的活动很有效。

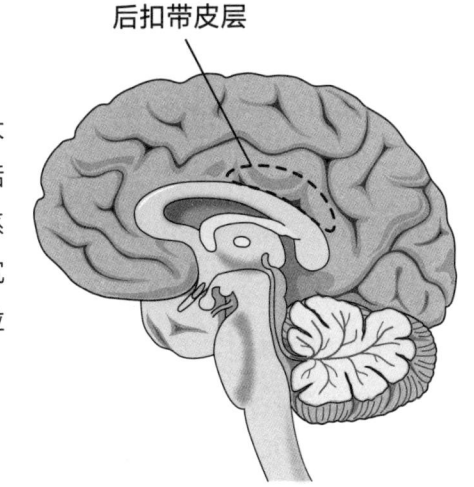

"好吧,就叫可可巧克力吧!如果之后有人想多吃点,可以在脑海中这么想:'哎呀,可可巧克力又开始胡闹了。'对于渴求心理,一定不要试图强行压抑它或者忽视它。最重要的是不要在自己和欲望之间画等号。我们要做的第一步就是将自己和渴求分开,客观地看待自己的渴求。"

几天后，我发现自己身上有一个小小的变化。

这天，长时间的采访让我筋疲力尽。回到公司后，我瘫坐在座位上，看到贴在电脑上的便笺，想起自己还要思考网站企划案。我开始胡思乱想："会不会再次被驳回？如果这次不能得到主编的认可，可能就没有挽回的机会了。不，其实我早就被放弃了吧……"

就在这时，我的手不由自主地伸向了抽屉。里面放着很多零食。不过，和往常不一样的是，我在将零食放入嘴中之前已经注意到了自己的行为。

"是的，这是习惯！"

接着，我开始进行饭前仪式。我为什么想吃东西呢？我确实感觉很饿，但是在回公司之前，我刚吃了一顿比较晚的午饭。从"情境证据"这个角度来看，我现在不应该觉得饿。而且，刚才思考企划案的时候，我心里很不安。选择吃什么呢？我手里拿的是巧克力棒……真是糟透了。

"好吧。"

我放下了手里的巧克力棒，选择了糖分较少的零食，打算只补充我需要的热量。吃完零食，身体果然变舒服了。

这时，我的脑海中有一个章鱼角色在大喊"我想吃更多零食",原来是"可可巧克力"。不知是不是因为这个名字是睦睦取的,那只小章鱼看起来有点像睦睦。虽然它说话的样子很任性,但也有点可爱。

我忍着笑,开始尝试前几天松代女士教给我们的呼吸聚焦法。不知道是不是错觉,我觉得身体变纯净了,"可可巧克力"也安静下来了。

难道一切都是错觉吗?不过,我的食欲可能也是错觉吧。

入住KIBUSU近2个月,我终于找到了感觉。

单点训练

提高即时反应能力

这是一种以游戏的方式立刻说出行为本身的注意力练习法。例如，当你用视觉捕捉到某个事物时立即说"看见了"，听到某个声音时立即说"听见了"，思考时立即说"思考了"，身体感觉到什么时立即说"感觉到了"等。我们时时刻刻都在做各种各样的事，却总是会不由自主地变成无意识的行为。这种训练结合了发声练习，能够提高即时反应能力。

蒙上双眼，让别人将食物放到你嘴里。因为不知道别人会将什么食物放到你嘴里，所以你需要调动感官进行感知。在视觉被屏蔽的状况下，味觉会更加敏锐。

猜食物游戏

尝试使用非惯用手

尝试用平时不用的那只手来吃东西。使用常用的那只手吃东西时，基本上不会注意将食物放进嘴里这个动作。但是，如果使用平时不用的那只手，就会在吃饭时将注意力集中在身体如何精细运动这件事上。

第 2 周

脑科学减肥法实践日历

步骤2 改善饮食的方法　进阶篇

第1天　身体扫描（见第82~83页）

第2天　呼吸聚焦法（见第87页）

第3天　早上练习10分钟呼吸聚焦法，睡前进行身体扫描

第4天　休息日

第5天　尝试提高即时反应能力（见第94页）

第6天　猜食物游戏（见第94页）

第7天　尝试使用非惯用手（见第94页）

*希望大家能在吃每顿饭之前进行步骤1中的饭前仪式（见第53页）、每2天进行1次饮食练习（见第62页）。再通过身体扫描（见第82~83页）和呼吸聚焦法（见第87页）增强基础体力，会有事半功倍的效果。
*练习时间可以根据个人的实际情况灵活安排。
*无论如何都想吃东西时，参照"找出想吃东西的原因及应对方法"（见第162~163页），找出应对方法。

STEP 3

步骤 3

驾驭想吃东西的欲望——管理欲望的方法

驾驭想吃东西的欲望——RAIN正念法

"别管我,让我吃吧!反正不管吃不吃都见不到小翔!减肥是没用的……呜……呜……"

睦睦抱着3大袋巧克力哭喊着。今天她没有好好品尝晚饭,吃饭的时候狼吞虎咽,吃完就把自己关在房间里。我和圣子很担心她,就去了她的房间。她告诉我们,她的前夫说没看到她有任何变好的地方,于是推迟了让她跟孩子见面的日期。

"睦睦,记住松代女士的话,呼吸是'意识的锚'。"

"呜……呜……"

不管我们说什么,睦睦还是哭个不停,简直跟我脑海里的"可可巧克力"一模一样。

"今天就让她一个人待着吧。睦睦,我知道你心里肯定很难过,但是千万不能暴饮暴食呀。"圣子愁眉苦脸地说道。我非常赞同她的话。

从睦睦的房间出来，圣子小声地对我说："睦睦应该没事吧……话说回来，我前一阵子发现的那个房间，你不觉得有些奇怪吗？"

圣子说的"那个房间"是指一个角落里的房间，正对着阴暗的走廊。

"我注意到了。松代女士是不是总在那个房间里待着呀？前两天我看见她从那个房间出来了。而且，松代女士来的第一天就跟我们说她会通过监控观察我们的日常行为，难道那个房间……"

听了圣子的话，我不禁开始想象松代女士在排列整齐的监视器前监视我们的情景。毕竟她是专门研究饮食行为的脑科学家。

不过，我觉得肯定不是这样的。松代女士发自内心地为我们的进步感到开心。我深信是这样的。

"而且……"圣子用更小的声音继续说，"杉田先生也经常去那个房间，经常在里面一待就是一个多小时。根据我的经验，他们之间肯定有什么不可告人的事。"

不会吧……杉田先生才31岁。不管松代女士看起来多不显老，也不可能和杉田先生有恋爱关系吧……不过，这句话从人生经验十分丰富的圣子嘴里说出来的话……

"朋美，你是不是很难受呀？"圣子笑嘻嘻地说道。

我一头雾水，不明白她的意思。

梅雨季节终于结束了。7月的一个星期六，松代女士在吃早饭时对大家宣布："今天我们去湘南冲浪！"

她似乎总是这样想一出是一出。松代女士开车载着其他4个人，我坐着杉田先生的车，一行人就这样出发了。后备厢里装着够所有人使用的冲浪板，准备得相当周到。

"朋美加油！"出发前，圣子对我眨了眨眼，用极小的声音说了这句话。她好像误会了什么。

杉田先生话很少，我们基本上没说什么话，2个小时的路程有些难熬。而且他平时似乎不怎么开车，表情看起来很严肃。应该没问题吧……

到达湘南时，迎接我们的是晴朗的天空。

小卓似乎很擅长冲浪，很快便漂亮地在海浪中穿梭。他紧致的上半身闪耀着古铜色的光芒，看起来十分耀眼。

不过，松代女士和杉田先生更令人惊讶。虽然他们的技术比不上小卓，但也能在海浪中自由穿梭。一个喜欢冲浪的成熟女性……实在是太酷了。杉田先生也和刚才判若两人，带着我从未见过的笑容在海浪中嬉戏。

之后，在3个冲浪老手的带领下，我们也开始练习冲浪了。虽说是练习，其实都是非常基础的步骤，当然不可能让我们马上学会冲浪。不过，我们依旧玩得很开心。又白又圆的睦睦和大和每次掉进海里时，都会溅起很壮观的水花。从远处看，他们仿佛是新型海洋生物。

令人意外的是，大和似乎尝试了很多次。后来听小卓说，大和说他一直很想尝试冲浪。

在小卓的特训下，我们筋疲力尽。到了海边的住所，松代女士跟我们说："其实我跟杉田就是因为冲浪认识的。后来我才知道他的厨艺那么好。"

杉田先生开心地跟着点头。我突然想起了圣子之前说的关于两人关系的言论。

"克服想吃东西的欲望，也就是之前说过的克服渴求的方法，和冲浪非常相似。"

松代女士突然开始讲课。

"朋美，刚才感受到了海浪的力量吧？你觉得怎么样呢？"

"我觉得海浪的力量非常强大，如果受到正面冲击的话，可能会粉身碎骨。我掉进海里好几次了。"

"说得特别好。大家体内想吃东西的欲望就是'海浪'。"

身后响起了一阵海浪的哗哗声。

仿佛想追赶这阵声音，睦睦的肚子叫了起来。

"我饿了。"

松代女士点头示意，继续说道："那正好。从正面挑战如海浪般汹涌而来的渴求的话，结果会相当惨烈。因为这股欲望拥有巨大的能量，所以我们会被击垮。如果想成为渴求的主人，就要熟练掌握驾驭'海浪'的技巧。为此，今天我们要学习'RAIN正念法'。

"RAIN正念法的目的是驾驭渴求。其中最重要的一点是，不要试图与欲望正面抗争，也不要用自制力去压制它。我们要做的就是仔细观察这股欲望所具有的能量本身，不要逆向反抗。要允许欲望的存在。"

松代女士清脆的声音带着不可思议的力量回响在海边。

驾驭想吃东西的欲望——RAIN正念法

RAIN正念法是对减肥的关键——欲望——进行管理的方法。

步骤①

Recognize（认知）

意识到渴求（想吃东西的欲望）的存在。

步骤②

Accept（接受）

不要用战斗姿态去对抗欲望。可以给自己的欲望取一个可爱的名字，例如"可可巧克力"。学会接受欲望的存在。

步骤③

Investigate（调查）

渴求是如何变得强烈的？相应地，身体的感觉是如何变化的呢？对这些现象进行观察。如果走神了，温柔地将注意力引导回来即可。

步骤④

Note（记录）

试着在心里用简短的单词或短语来描述上述感觉。例如"感觉胃里火辣辣的""心神不宁""有种被击倒的感觉"等。然后追踪这些感觉及其变化，直至消失。如果注意力分散了，就回到步骤③，重新找到感觉。

体验一下人生中最强烈的饥饿感吧

"我不知道这种方法是不是叫RAIN。不过,想靠这种方法改变自己,世上哪有这么容易的事。"大和不管不顾地说道。

"如果压力是导致肥胖的罪魁祸首,我真希望公司里的那些年轻人能改变自己。如果没有我帮他们救急,他们会有大麻烦的。说真的,公司里的那些年轻人都是些不可靠的家伙……"

不知为何,大和说这句话的时候看向了杉田先生所在的方向,可能是将他当作公司里的年轻人了吧。这也太不讲道理了。而且,不知怎的,杉田先生也一脸为难地低着头。看着他们俩,我有点生气。

"你说得对。"松代女士完全不介意地回应。

"的确如你所说,这种方法的效果不是一朝一夕就能看到的。那么我们试试另一种方法——禁食。"

什么?!就因为这个没有眼力见儿的大叔说了多余的话……

大家都对大和翻了个白眼。但他依旧反应迟钝,似乎什么都没注意到。

于是,在我们冲了一上午浪并且消耗了大量热量之后,午饭时间延后了。海边的住所里只有瓶装水。

"接下来,请大家认真观察身体会发生什么样的变化。"

不知为何,松代女士看起来很高兴。

我用之前学过的身体扫描法关注身体的感觉。然而,知道不能吃东西之后,想吃东西的欲望更强烈了。大约1小时后,已经过了正午,屋内的氛围十分焦虑。

"啊!好想吃东西啊!我忍!我忍!我肯定能战胜它……不对,松代女士说了不能和冲动正面抗争。该怎么做来着?首先要'意识到'冲动,然后……哦,对了,是'接受'它。可我还是很饿啊。"我在心里默默地想。

饱受煎熬的我睁开眼睛,看到一双手正用力地抵在长椅上,原来是圣子。看得出来她在用十二分的力气拼命忍耐。大和在海边的房子前闲逛,表情似乎没什么变化,但额头上的汗"出卖"了他。睦睦呢?天啊,她正翻着白眼全身颤抖。只有习惯不吃饭的小卓看起来精神依旧,甚至想再去冲一圈浪。

"大家看起来非常痛苦。不过,希望大家不要'忍耐',也不要'抗争',而是学会'接受'。要学会接受想吃东西的欲望以及伴随而来的感觉,允许它们存在于自己体内。

防止快乐中枢失控

如果和想吃东西的欲望进行抗争,后扣带皮层区域就会变得活跃起来,进一步加速快乐中枢的活动。RAIN正念法通过接受欲望来缓和后扣带皮层区域的活动,从而打破这种恶性循环。

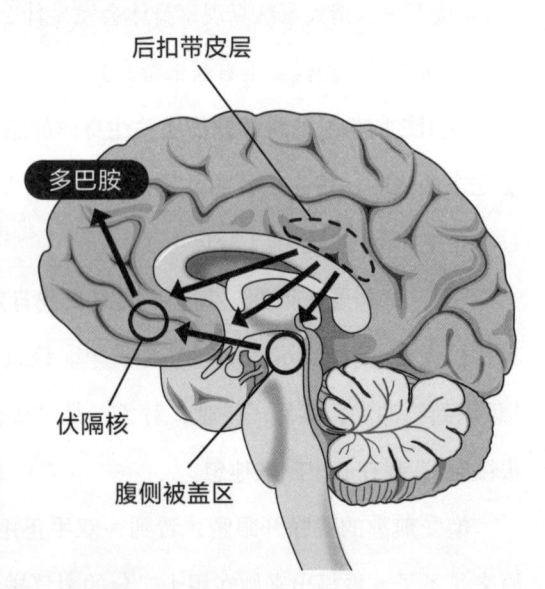

后扣带皮层
多巴胺
伏隔核
腹侧被盖区

"实际上,从脑科学的角度来看,如果和'想吃东西的欲望'进行抗争,后扣带皮层(见第91页)区域就会变得活跃起来。[15] 这样一来,吃东西时大脑的腹侧被盖区就会受到刺激,伏隔核中释放多巴胺的回路会受到更多刺激。总而言之,会让之前提到的快乐中枢更加失控。

"没有永恒的冲动,'海浪'总会失去力量,留在沙滩上。"

听了松代女士的话,不知是不是错觉,总觉得心中代表渴求的海浪似乎变弱了。不管怎样,我们已经熬过了渴求最强烈的时期。

2小时后。

"咕噜噜——"

我的肚子发出了一种仿佛水流进水槽里的声音。这和刚才的感觉不一样。胃里空空的,真的很饿。

"咕——咕噜咕噜——"

比我的肚子叫得更响的必然是睦睦的肚子。她的胃应该比其他人大一倍,竟然也已经空空如也了。

"太棒了!这就是真正的'饥饿感',大家一定要记住这种感觉。"

松代女士看起来还是很轻松,但我已经完全没有力气了。我觉得身体很虚弱,站起来的时候头有点晕。

"那么,我们填饱肚子就回去吧!"

松代女士话音刚落,杉田先生就从后备厢中搬出了一个大保温箱。杉田先生果然为我们准备了便当。他做的饭本来就很好吃，这种时候显得格外美味。

吃便当的时候，我发现了一件事——我比以前更喜欢吃东西了。更确切地说，之前我根本不关心吃的东西。我总是在便利店里买甜品，却从未认真品尝过它们的味道，也从未想过它们是谁怀着怎样的心情制作的。我之所以吃得太多，是因为以前的我从未正视过"吃"这件事。

以前，我吃东西的时候只是不停地往嘴里塞东西，我的大脑却对此"视而不见"，完全没有参与进食的体验。这样一来，不管我吃多少东西，大脑都不会满足。

最近，我可以更稳定地将注意力集中在饮食上，我还以为压力引发的暴饮暴食已经消失了。就在这时，一阵渴求的浪潮袭来。在一瞬间的动摇后，我选择尝试RAIN正念法，接受脑海中的"可可巧克力"。身体的感觉是胃里有灼烧感，胳膊很无力。

"这是快乐中枢干的。"

我通过身体扫描快速分析出自己想吃东西的原因。如果是以前的我，应该已经被"巨浪"冲走了吧。我继续追踪着身体感觉的变化，等待它从"巨浪"变成"涟漪"。这不是一件容易的事，但我觉得之前做的每一步都能帮助我实现目标。

松代女士似乎感觉到了什么，对我说："朋美，感觉你最近变得自信了一些。"

"大和，下周末还来冲浪吗？"

小卓对大和发出了邀请。

"应该可以吧。"冲浪真是一件令人快乐的事。大和露出了我从未见过的活泼表情。虽然他们的年龄相差甚远，但可能是出人意料的好搭档。

短暂的平和过后，几阵"巨浪"即将向入住 KIBUSU 的人们袭来。

单点训练

像小孩子一样吃饭

用勺子吃面条或沙拉（不用筷子或叉子）。一边感受进食的艰难，一边注意食物的状态以及体内渴求程度的变化。也可以将自己当成婴儿，用手抓食物吃。通过感受食物的触感、温度和握住的感觉，寻找新的发现。

观察他人吃东西时的样子。仔细、认真地观察，仅此而已。

观察他人，审视自己

将最喜欢的食物留到最后吃

如果面前的饭菜中有自己喜欢的食物，可以留到最后吃，用最喜欢的食物为这顿饭画下句号。在吃自己最喜欢的食物之前，一定要双手合十，向厨师和提供食材的人表示感谢。关注食物进入身体的过程能够极大地增加满足感，有效避免机械进食。

第 3 周

脑科学减肥法实践日历

步骤3　管理欲望的方法

第1天　RAIN正念法（见第103页）

第2天　如果感受到渴求，就尝试RAIN正念法

第3天　休息日

第4天　体验禁食（仅限身体条件允许的人）（见第104页）

第5天　尝试像小孩子一样吃饭（见第110页）

第6天　观察他人，审视自己（见第110页）

第7天　将最喜欢的食物留到最后吃（见第110页）

*希望大家能够继续在吃每顿饭之前进行饭前仪式（见第53页），每1~2天进行1次饮食练习（见第62页），早上练习10分钟呼吸聚焦法（见第87页），睡前进行身体扫描（见第82~83页）。在想吃东西的时候尝试RAIN正念法（见第103页）。

*不必勉强自己，但要按照一定的节奏坚持下去。只有坚持下去才能看到效果。

STEP 4

步骤 4

为什么肚子总是很饿——
自我满足的方法　基础篇

缓解吃多少东西也无法填满的空虚感——沙漏法

"反正你又没通过模特儿选拔,别总是通过运动来逃避这件事!"
"闭嘴!"

凌晨1点多,房间外传来了激烈的争吵声。大家急忙跑到客厅里,发现圣子和小卓正在吵架。

"啊!救救我!救救我!"

圣子趴在松代女士的腿上痛哭流涕。她似乎流了很多眼泪,脸上的妆都花了,而且看起来醉得相当厉害。

"大家……听我说……那个男人……他……"

看到大家吃惊的表情,圣子又哭了起来,跟平时的她判若两人。

刚才跟她争吵的小卓一脸尴尬地站在一旁。

第二天早上,圣子没来吃早饭。松代女士少见地一大早就来了,她跟大家说:"昨天晚上吵到大家了吧。其实,圣子昨天被她的男朋友打了。真是糟糕透顶。不仅如此,圣子的父亲也是一个喝醉了就会动手的人。之前她父亲特别狠地打她和她母亲,邻居甚至报警了。对有这种惨痛经历的她来说,昨天晚上无疑遭受了很大的打击。"

大家都安静下来。小卓突然嘟囔了几句:"昨天半夜,她醉醺醺地回来,缠着我不放。刚开始我也想安抚她,便顺着她的话说,可她说我不是当模特儿的料。我很生气,就和她吵了起来。实在很抱歉,吵到大家了。"

那天晚上,在我们进行饭前仪式时,圣子终于出现了。

"大家好……"

"哇!圣子你来啦!你没事就好!"

睦睦一边忙着活跃气氛,一边拉着圣子的手。圣子没有立刻坐下,而是先向大家鞠了一躬。

"昨天的事真的很抱歉,我会好好反省的……"

"快吃吧!今天杉田先生做的饭看起来比以前更好吃。我的肚子可是一直在叫呢!"

睦睦的话引得大家一阵哄笑，圣子也带着笑意坐下来了。

"我这个人看起来很强势，实际上外强中干。我总是担心、害怕，不管做什么都无法被满足。我不知道该怎么办，只能一直伪装自己……正如松代女士一开始说的那样，我总是暴饮暴食。大家知道'细喉咙'这个妖怪吗？它的嘴巴很大，什么东西都往嘴里塞。但是，连接它的嘴和胃的食道非常细，不管吃多少东西都很难到达胃部，所以它的胃永远无法被满足。不仅如此，当食物通过它细细的喉咙时，它会非常痛苦。我觉得自己就像这个妖怪一样……"

圣子的声音在寂静的餐厅中回响着。大家都沉默了，可能是因为圣子的话引起了共鸣。

"别责怪自己。你并没有做错什么。"

松代女士走进餐厅，温柔地安慰圣子。圣子眼里再次泛起了泪光。

"松代女士，准备好了。"

杉田先生为每个人都准备了一杯热牛奶。

"其实，存在饮食习惯问题的人有共同点。"

吃完晚饭，大家的心情都平复了。松代女士对我们说："最大的共同点是'无法让自己满足'。但是，这种空虚感本来就无法通过吃东西来满足。正念疗法可以帮助我们了解这种空虚感的根源，并教会我们如何以不同的方式来满足它。也就是说，正念疗法能够帮助我们正确地满足自己，而不需要依赖食物。今天我们要学的是'沙漏法'。这种方法对经常责备自己或者因此对身体产生影响的人很有效。之所以叫'沙漏法'，是因为沙漏中的沙子经细细的通道从上至下流动的过程与注意力转移的过程很相似。"

"虽然昨天我很生气，但你说的话是对的……"

体验完沙漏法，小卓小声说："21岁时参加模特儿选拔已经是背水一战了。不管我多么努力地健身，都不会有任何好消息。至今一次选拔也没有通过。那些模特儿都很瘦，所以我只能忍着不吃东西。我渐渐开始相信吃东西是不对的。像我这样的胖子怎么可能成为模特儿呢……"

跟"胖子"这个词毫无关系的小卓说出这番话，让睦睦十分无语。松代女士接着说："谢谢小卓把心里话告诉我们。现在，大家都致力于减肥，似乎想通过减肥来满足自己。

"从脑科学的角度来看，暴饮暴食和厌食在原理上是相当相似的。大脑中有一个叫作'脑岛'的部位，就像跷跷板的支柱一样，是平衡理性和欲望的重要部位。如果脑岛的平衡被打破，就会导致暴饮暴食或者厌食。[16]

"暴饮暴食的人和厌食的人经常抱怨，例如'我要是能再好看一些就好了''我不想被社会消极地看待''我的自制力太弱了，我真可悲'等。从根本上对自己过于严格，由此产生的对自己的不满会不断地给自己增添压力。

"所以，如果真的想减肥，不必强行改变现在的自己，首先要做的就是接受现在的自己，正确地满足自己。实际上，相关研究表明，正念疗法能够增加脑岛的容量。"[17]

沙漏法

步骤①

选一个能让自己放松的姿势，观察自己的内心，用一句话总结自己的想法和心情（例如"我没什么价值""我不喜欢自己"等）。在心中默念这句话，注意身体哪些部位会产生什么样的感觉变化。

步骤②

温柔地将注意力转移到呼吸上，注意伴随着呼吸的身体动作及感觉。将1次吸气和1次呼气当作1组，数数自己呼吸的组数（数到10就重新从1开始数）。

步骤③

最后将注意力扩展至全身。如果感觉身体某些部位有不适感，就用意识"包裹"住那个部位。然后想象通过呼气将不适感排出体外，身体和情绪变得柔和。可以在心中默念"没关系，无论感觉到什么都是正常的"。再将注意力完全扩展至周围的空间中，想象这个空间中的所有事物都在呼吸。

*通过这3个步骤，将压力转化为身体的感觉，并将其集中到平稳的呼吸上。最终，通过将呼吸扩展至周围的空间中，温柔地"包裹"住自己，从内部满足自己。

如果想变瘦，就要善待自己

"什么？'毕业'？你是说要离开KIBUSU吗？"

大家都瞪大了眼睛，纷纷问我。我点了点头。

"是的，我要离开这里。"

餐厅里一片寂静。

"为什么？你不在的话，我会很寂寞的。"睦睦看上去快要哭了。

"是因为一直看不到效果吗？"大和一副了然的样子。

"不行，这样太随便了。我们不是在一点一点地进步吗？"小卓似乎很生气。

"朋美，你怎么了？出什么事了？"圣子一如既往地替我担心。

只有松代女士一点也不惊讶。

"哦……我知道了。KIBUSU肯定会尊重大家的意愿。如果你已经决定了，我不会阻拦你。祝你好运！"

没想到松代女士这么轻易地同意了。大家都说了想说的话，我突然发现杉田先生正看着这边。他看起来很伤心，一副欲言又止的样子。

其实，我想离开KIBUSU是因为工作上的事。

昨天，我重新提交了减肥新闻网站的企划书。

经历了3个多月的正念练习，我感受到了明显的变化——冲动进食的次数明显减少了，也不再担心热量和体重了。我逐渐变得自信了，写企划案时也更积极了。松代女士说，被正念施加了积极影响的脑岛跟人的直觉也有关系。不知道是不是出于心理作用，工作时似乎更容易想到好点子。

但是，一切只是我自以为是的想法。

当我将企划书交给大堤主编时，她一脸茫然地看着我："什么？减肥新闻网站？啊，我之前的确说要重新研究一下这个企划。不过，这次吉田提出了一个很有趣的企划。最近有个斯巴达式减肥营在网上很火，我们要做一个和那里合作的项目。你也对减肥很感兴趣，对吧？如果你想减肥，这可是个好机会。你去帮助吉田执行这个企划吧。"

如果是以前的我，一定会冲进便利店买一堆零食，大吃一顿。之后便会陷入自我厌恶的状态，失落一段时间，然后继续自欺欺人地工作。这是一直以来的模式。

但是，这次我没有力气了。

我跟主编说要出去采访就离开了公司。我打开手机，点开了和前男友俊平的聊天对话框。之前他又约我见面，但我一直没回复。我给他发了消息，立即收到了回复，我们约好晚上在上次那家居酒屋见面。

俊平迟到了近1个小时。他刚坐下就对我说："其实我已经和那个女大学生分手了。大学生还是太幼稚了，不过分手也不全是因为这个理由。要不我们复合吧？我发现还是你最好。我之前打算秋天和她一起去温泉度假村，已经预订好了，取消预订的话感觉很可惜，我们一起去吧？"

他依旧是那个不顾别人并且自说自话的男人。如果我冷静下来，就会觉得这种邀请根本不值得接受。可是，我太虚弱了。我平静地告诉他，我在一栋叫作KIBUSU的公寓里进行减肥训练，每天坚持练习正念，今天工作企划案又被驳回了……

"没想到你过着这样的生活……要不你从那栋奇怪的公寓里搬出来和我一起住吧？每天跟一群陌生人坐在一起吃饭，简直太傻了。如果我们住在一起，就能随时像这样一起吃饭。"

向大家宣布我要离开后的第二天凌晨4点半,彻夜未眠的我走到院子里呼吸新鲜空气。

"朋美,你真的要离开吗?"

突然听到身后的声音,我回头一看,原来是杉田先生。"我睡不着……"他一边说,一边垂下了肿胀的眼睛。

"杉田先生,你知道吗?其实我母亲得了抑郁症。"

突如其来的话题让杉田先生有些惊讶。

"自从母亲病了,我就经常被送到外婆家。外婆总是给我做美味的厚蛋烧。当时我唯一的快乐就是吃外婆做的厚蛋烧。"

"原来如此,厚蛋烧里充满了你的回忆。怪不得上次吃厚蛋烧时,你看起来不太舒服……我没有别的意思,作为厨师,我对食客细微的表情和动作都很敏感。"

当时,不管我多么努力,母亲都没有多余的精力关注我。所以我一直在想,怎样才能得到母亲更多的爱呢?和母亲在一起的时候,我觉得再怎么努力也不能让她满意。我努力保持优等生的身份,因为我害怕被别人讨厌。我觉得自己不值得被爱。后来,母亲做出了极端选择……在凌晨昏暗的天空下,我将这个连俊平都不知道的秘密告诉了杉田先生。

"你能等我一个星期吗?"

杉田看着我的眼睛问我。

"我想做厚蛋烧,能让朋美开心的厚蛋烧……吃完再离开,可以吗?"

那天,吃完晚饭,虽然我觉得有些尴尬,但还是告诉大家我会在KIBUSU再待1个星期。当然,我没有告诉大家是杉田先生前所未有的气势让我情不自禁地接受了他的提议。大家并没有深究原因,只是为此感到高兴。

当我将这个消息告诉松代女士时,她的表情跟听到我要离开的消息时一样,淡淡地说了一句"我知道了"。她似乎并不生气,好像看出了我内心的犹豫。

"大家还记得吗?之前我说饮食问题的根源是'内心不满足'。今天我们要学的是解决这个问题的第一个方法。当我们的内心得不到满足时,需要做什么呢?"

小卓回答:"确定目标并为之努力?"

"这个回答确实是你的风格。不过,内心从根本上无法满足的人真正缺乏的不是'纠正对自己的纵容'。他们需要的是'善待自己'。"

松代女士说,很多人因为无法顺利地瘦下来而责备自己,然后开始暴饮暴食，形成恶性循环。大家似乎都有这样的经历，然后得出一个结论——自己缺乏自制力。松代女士告诉了我们一些善待自己的方法（见第126页）。

松代女士还建议我们在实践正念减肥法的过程中不要设置目标，也不要过度执着于练习方法。即使哪天没做，也不要责备自己。随后，我们跟着松代女士走进客厅，被眼前的场景惊呆了——客厅里摆满了竹子。松代女士说，要在七夕时教我们一个善待自己的具体方法——七夕许愿笺法。真是令人印象深刻。

七夕许愿笺法

步骤①　用七夕的许愿笺写下对自己的期望。不是写目标，而是写希望自己能在哪些方面对自己更好（例如"希望你不要对自己这么严格""希望你能接受现在的自己""希望你能从现在的痛苦中解脱""希望你爱惜自己""希望你喜欢自己""希望你能原谅减肥失败的自己"）。

步骤②　将许愿笺挂在竹子上。

步骤③　每天在竹子下练习呼吸聚焦法。将注意力集中在呼吸上，练习10分钟，然后在心中重复几次写在许愿笺上的期望。

善待自己的方法

· 尝试丢掉目标。

· 放弃"必须要达到……"之类的想法（放弃完美主义）。

· 原谅总是做不到最好的自己（试着对自己说"这样就行了"）。

· 对镜子里的自己说"干得好""辛苦了"。

· 被夸奖时说"谢谢"（分清谦虚和自卑）。

· 客观地接受他人的批评和赞扬（不要夸大或看轻）。

· 重新审视自己和父母的关系（如果你苛待自己是因为父母，就要想办法从根本上进行改变，例如和父母谈心、自己教导自己等）。

· 照顾好自己（认真剪指甲、奖励自己等）。

· 摘掉带主观偏见的有色眼镜。

· 接受真实的自己。

第二天，我久违地跟外婆通了电话。那天晚上跟杉田先生说的话让我特别想念外婆做的厚蛋烧。说起厚蛋烧时，外婆怀念地说："那时候你特别喜欢吃我做的厚蛋烧。你妈妈也经常说'等身体好些了就给朋美做厚蛋烧吃'。有一天，她还打电话问我厚蛋烧该怎么做呢。"

没想到母亲曾经有为我做厚蛋烧的想法。在我的记忆中，我几乎没吃过她做的饭。当时的她总是不停地哭泣、发怒。原来，一直和心理疾病进行抗争的她曾经试图面对我。

母亲从外婆那里学会了做厚蛋烧，还没来得及给我做，就离开了这个世界。想到这里，我的泪水不受控制地掉了下来。

单点训练

梦幻合作（提高即时反应能力加饮食练习）

在吃饭的过程中加入提高即时反应能力的练习,将看到、闻到、感觉到和想到的瞬间用语言表达出来。调动五感,进一步强化饮食练习。

购买几种不同的矿泉水,仔细品尝。然后将矿泉水倒入其他容器中,再次品尝,猜猜自己喝的是哪种矿泉水。这种训练能够有效地提高注意力以及增强五感的敏锐程度。

辨水挑战

吃素

非素食主义者尝试吃素能够帮助自己摆脱机械进食模式。有些自诩为素食主义者的人会吃鱼,严格的素食主义者不吃鸡蛋、乳制品和蜂蜜。试着对每一顿饭都保持好奇心,观察自己想吃东西的冲动以及饭后满足感的变化。

第 4 周
脑科学减肥法实践日历
步骤4　自我满足的方法　基础篇

第1天　沙漏法（见第119页）

第2天　善待自己（见第126页）

第3天　结合呼吸聚焦法（见第87页）和七夕许愿笺法（见第125页），在早上进行练习

第4天　休息日（今天也可以尝试善待自己）

第5天　梦幻合作：提高即时反应能力（见第94页）加饮食练习（见第62页）

第6天　辨水挑战（见第128页）

第7天　吃素（见第128页）

*希望大家能够继续在吃每顿饭之前进行饭前仪式（见第53页），每1~2天进行1次饮食练习（见第62页），早上练习10分钟呼吸聚焦法（见第87页），睡前进行身体扫描（见第82~83页）。在想吃东西的时候尝试RAIN正念法（见第103页）。在以上练习中加入善待自己的方法（见第126页），效果会更好。善待自己能帮助我们了解自己的内心。

*不要责备自己，坚持做下去。你一定会对自己想要什么这个问题有新的认识。

STEP 5

步骤 5

"人生的饥饿感"消失了——
自我满足的方法　进阶篇

正念厚蛋烧

最后一周的某个深夜，KIBUSU的电话突然响了。打电话的是大和的妻子。接到电话的杉田先生说，大和刚刚被送进了急救室。松代女士表情严肃，立刻带我们去医院看他。

大和的诊断结果是"高血糖发作，消化道出血"。也就是说，他的血糖值异常升高，腹中出血了。他的妻子一脸憔悴，告诉我们白天大和狠狠地训斥了犯错的下属，然后在居酒屋里喝啤酒、吃油炸食品，接着去拉面店继续吃。当他喝光拉面的汤时，当场晕倒了。

说到这里，大和的妻子停顿了一下，又接着说："医生说，如果他继续保持这种饮食习惯，可能会有生命危险。我本来是出于信任才让他来参加这个减肥训练营的……"

说到这里，已经有明显的批判意味了。松代女士并没有辩解，只是低下了头。

"跟KIBUSU没有关系，都是我的问题。大家别管我了。"

没想到，大和已经醒来了。虽然还在输液，但意识已经清醒了。隔着氧气面罩，我们看不清他的表情，不过能猜到他肯定很自责。

"不管你？说什么呢！胆小鬼！我们不是还要一起去冲浪吗？"

小卓鼓励着大和先生。是的，那次集体冲浪之后，他们又一起去冲了好几次浪。大和以前看起来白得不健康，现在似乎晒黑了一些。

"大和，我们不会对你的事置之不理的！你一定要早点回来呀。"

圣子也努力地鼓励他。不过，大家的话似乎没什么用，大和看起来有些为难。

"谢谢大家的心意，但是我已经和妻子商量好了，不会改变的。朋美，希望你能继续努力。"

我不知道大和会对我说这番话，一时不知该如何回应。

"过几天我会去KIBUSU将大和的行李拿回来。"

我们走出病房的时候，大和的妻子用带刺的语气对松代女士说。

松代女士的表情看起来格外沉重。

第二天晚上，餐厅里弥漫着一种难以言说的气氛。大和平时坐的位置现在空荡荡的，意味着我们失去了一个伙伴。而且，明天我也要离开这里，最后只剩下睦睦、圣子和小卓。其他人应该也意识到了。对我来说，这顿饭是在KIBUSU的最后一顿饭。

这时，像往常一样，杉田先生端来了做好的菜肴。在这些色香味俱全的菜肴中，有一道看起来很普通的黄色菜肴——是杉田先生许诺一定要为我做的厚蛋烧。

"这是我给朋美的礼物，可能比不上朋美的外婆做的厚蛋烧。不过我做的时候很用心，请大家品尝一下。"

杉田先生真不愧是专业厨师，跟我外婆做的厚蛋烧相比，他做的厚蛋烧外观更精美。仔细观察厚蛋烧，我不由自主地想起了生下鸡蛋的母鸡和养鸡人、鸡蛋经过运输到达商店再来到杉田先生手里的过程、他在厨房里认真打蛋液的样子……我将厚蛋烧放进嘴里，慢慢品尝，能感受到厚蛋烧特有的香甜风味在嘴里扩散。眼前杉田先生的身影因我的泪水而变得有些模糊。

在外婆家吃到的厚蛋烧、用来装厚蛋烧的盘子、曾经的我坐在榻榻米上的小圆桌旁吃厚蛋烧时的感觉、老房子特有的气味、夏日的阳光、无论何时都那么慈祥的外婆、总是哭泣的母亲……段段回忆涌上心头。

提高持续力的"感谢法"

又过了近1个月，KIBUSU偌大的庭院中开始有了秋天的气息。

是的，我并没有离开。

大和在医院里对我的鼓励以及杉田先生饱含心意的厚蛋烧让我决定留下来。我给俊平发了消息，希望他能等我一起生活。他只回复了一句"我知道了，下个月一起去温泉旅行吧"，之后我们就没有联系了。

虽然大家因为大和生病而遭受了打击，但还是继续练习控制注意力及驾驭欲望的方法。对我们来说，这些训练已经成了我们的新习惯。

仔细一想，最初我们只想着变瘦。但是，现在我们知道要改变自己与食物的关系，而不是改变身体本身。出乎意料的是，得到了意想不到的效果。

圣子不再暴饮暴食、催吐，手上的疤痕也逐渐愈合了。停止催吐的她不仅没有变胖，反而更有魅力了。

睦睦还是一会儿哭一会儿笑，依然保持着对食物的热爱，但不会像以前那样抱着巧克力吃个不停。而且，由于她的体重基数较大，所以变化最明显。某天，睦睦发现自己轻了5千克，高兴极了。

小卓曾经精瘦的身体也有了一层薄薄的脂肪。以前的他健身过度，看上去太瘦弱了。现在，他找回了健康男性特有的美感。

至于我，该怎么说呢？虽然我现在已经熟练掌握了正念的技巧，但还没有切实体验到它对减肥的效果。不过，我现在吃东西时的罪恶感确实比以前减轻了很多。可如果我不能消除来自工作的压力，压力性暴食这个问题永远也无法解决。看着大家都在进步，我开始焦虑了。

"大家快出来呀，今天是农历十五日，正是赏月的好时候。"

吃完晚饭，松代女士将大家叫到庭院中。

"这种时候我好想吃月见团子。"睦睦果然还是只想着吃。

"我已经准备好了。"听了杉田先生的话，大家都很高兴。

"今天我们来学习第二个满足自己的方法——'感谢法'。上次我们学习了善待自己的方法，这次我们要学的是向他人表示感谢的方法。这种感谢他人的心情能够让我们的内心变得充实。

"科学证明，感恩能给我们的内心带来积极影响。如果坚持每天写感谢信，能够极大地提高自己对人生的满意度和幸福度。[18]而且，感恩可以增强意志力以及热情、乐观等正面情绪，减少压力以及忌妒、愤怒等负面情绪。[19]大家小时候有没有听过'要对食物表示感谢'这句话？"

"我外婆说过，'每一粒米中都有神明存在'。"我回答道。

松代女士满意地点了点头。

"是的，吃饭是最容易心怀感激的机会。"

杉田先生给每个人发了一张彩色的许愿笺，每张许愿笺上都写着一个字母。圣子的许愿笺上写着"M"，我的许愿笺上写着"T"，似乎是随机的。

"今晚的月色这么美，就不做那些复杂的事情了。现在大家手里都有许愿笺吧，每张许愿笺上都写着字母。接下来，请大家尽可能多地在许愿笺上写下你想感谢的人或事，写下的单词的读音要以这个字母开头。"

圣子稍微想了一下，写下了"松代（matsu）"这个词。毕竟，在圣子因为被男朋友打了而崩溃时，是松代女士给了她母亲般的关怀。从那以后，圣子严格遵守KIBUSU的规则，每天都按时回来吃晚饭。接着，她写下了"睦睦（mumu）"。的确，如果没有睦睦，我们在KIBUSU的生活会无趣许多。最后，她写下了"大家（minna）""正念（mainndofurunesu）"。

我看着许愿笺上的字母"T"，首先想到的是"厚蛋烧（tamagoyaki），然后有那么一瞬间想到了"大堤主编（teihensyuutyou）"。可是，如果问我是不是真的感谢她，我无法给出特别肯定的回答。

"感谢拥有很大的能量。研究报告表明，表达感谢能让人的幸福度提高25%。[20]而且，最重要的是，感恩的心情能够感染身边的人。在我们的大脑中，有一种叫作'镜像神经元'的神经细胞，能够在大脑中反映他人的行为。所以，当周围的人看到我们表达感谢时，由于镜像神经元的作用，对方的内心也能得到满足。"

松代女士的话"推"了我一把。我在许愿笺上写下了"大堤主编"。我希望有一天能够提交一份令她满意的企划案。其实，工作到现在，她确实给了我很多机会，在这一点上我真的很想感谢她。

"表达感谢的方法有很多种。例如给曾经关照过我们的人写一封感谢信，也可以站在路边给经过的人送花。我们怀着感恩的心情时，要注意观察身体会发生什么样的变化。可以的话，建议大家多回忆一些事，体会当时的心情和感受。

"关心他人、感谢他人，能让自己摆脱'自我'这个牢笼。这种无我的状态也能降低后扣带皮层（见第91页）的活跃度，减少与他人竞争、冲突、比较的情况，改变过分在意他人评价的心理，提升自我价值感。"

"最后……"松代女士开始总结。

"一定不要把顺序搞混了。首先要做的是'善待自己'。如果自己的内心没有得到满足，无论怎样感谢他人，也不会有特别明显的效果。我们必须先自我关怀，再去关心他人，最后达到自我满足的状态。"

感谢法

步骤① 表示对某个人的感激之情（通过纸条、信件、语言等形式表达，或者给路过的行人送花）。

步骤② 注意进行以上行为时身体感觉的变化。

步骤③ 记住以上感觉并反复体会。

在每天进行的练习的基础上,我加入了善待自己的方法和感谢法。渐渐地,我发现自己心中的渴求由滔天巨浪变成了微小的浪花。与此同时,我的胳膊变细了一些,下半身和腹部的赘肉也明显减少了。

现在,我不用花费很大精力就能很自然地思考为什么吃、吃什么、怎样吃这些问题。当然,有时还是会产生想吃东西的欲望,但我已经有了成熟的应对方法,能够轻松应对。我的进食量也减少了很多,一切终于回到了正轨。

在睦睦的鼓励下,我久违地站上了体重秤。当然,体重还是没有达到目标数值,但已经非常接近我以前那张照片上的状态了。

某天早上,在我像往常一样练习呼吸聚焦法时,手机突然响了。是俊平给我发来了信息。

"之前约好的温泉旅行我去不了了,对不起。工作实在推脱不了,只能取消旅行。作为补偿,今天晚上一起去喝酒吧。"

这种自说自话的男人真让人觉得好笑。不过,我已经不会再为他生气或难过了,也不再有"不想被别人讨厌"这种念头。现在,我拥有以前从未有过的自信。这份自信支撑着我。

"以后别见面了。谢谢你一直以来的关照。"

发完这条消息,我就屏蔽了他的账号,删除了他的所有联系方式。

第 5 周

脑科学减肥法实践日历

步骤5　自我满足的方法　进阶篇

第1天　感谢法（见第139页）

第2天　内心审视练习（见第143页）

第3天　感谢日报（见第143页）

*根据个人的实际情况，将第1周（见第72页）、第2周（见第95页）、第3周（见第111页）、第4周（见第129页）、第5周的练习内容综合起来进行练习，持续2周。

*在之前学会的锻炼注意力的方法中增加善待自己的方法以及感谢法，和之前的练习联系起来，强化内心的满足感，进一步加强练习改善饮食的方法和管理欲望的方法。希望大家能够长期坚持下去，一定会切实感受到由内而外的变化。

单点训练

内心审视练习

将自己内心的感受写下来,写什么都可以。不过,刚开始可能很难描述"自己感受到了什么"。持续一段时间后,就能更客观地审视自己,明白自己内心的不足以及如何填补这些不足。

这是内心审视练习的升级版。每天睡前列出10条"要感谢的人或事"。要有意识地每天写10条不重复的内容。

感谢日报

RETREAT

静 修

饮食方式就是生活方式

自然景观能够消除大脑中的不满

"请大家注意，接下来是一段比较单调的路程。大家可以一边走一边好好感受当下的每一个瞬间。"

松代女士在上方的直升机中用无线对讲机对我们说道。

12月上旬，已经有初冬的气息了。我们6个人来到了某座山的山腰处。

这6个人包括我、圣子、睦睦、小卓、杉田先生和大和。没错，大和也来了。大和与他的妻子严肃地讨论了一番，说服了妻子，回到了KIBUSU。大和戒了酒，体重也轻了十几千克。而且，他回来之后跟大家的沟通顺畅了很多。他告诉我们，他生病的时候松代女士去看过他好几次。这件事我们都不知道。

不过，话说回来，突然让我们这群新手爬海拔2千米的山，实在是……

"请大家放心,我会在空中为大家导航。你们肯定没问题。"

松代女士听到了我们的抱怨,用充满戏谑的语气说道。

松代女士说,这次爬山活动是为了让我们暂时从KIBUSU的"修行"中解脱,也就是所谓的"静修"。

我们排成一列,登上了山顶。放眼望去,景色绝佳。近处是绿松石色的湖泊,四周遍布不知名的野草。往远处看,可以看到零星的积雪。大自然鬼斧神工,远远胜过人工制造的风景。

"是不是很美?当我们接触到美的事物时,就会刺激大脑的快乐中枢[21]。而且,大自然能让我们的内心满足,防止抑郁[22]。"

我们抬起头就能看见松代女士搭乘的直升机。除此之外,目之所及看不到任何人造的事物,顶多就是路边有一些栅栏。人类想通过围起来的方式将某些事物占为己有。但是,大自然不属于任何人,我们只是这方天地中的停留者。

松代女士继续说:"我们都活在'日常'这个框架中。这个框架缘于大家内心对未知的'恐惧'。在这个瞬息万变的世界中,我们的大脑拼命地创造'可预测的日常'来维持安全感。但是,这个为了保护自己而建造的框架成了压力的来源。我们要做的是停止'恐惧',不要试图去预测什么,也不要试图去控制什么。这和冲浪是一个道理——只要等海浪过来就可以。"

在我们悠闲地欣赏大自然的美景时，天气突然变坏了。刚才还是晴空万里，突然就下起了雨，而且狂风大作，风速估计达到了每小时50千米。

"这才是世界原有的样子。没有什么是一成不变的，无论是压力、食欲还是体重，都是一样的。我们要灵活应对。战胜'恐惧'的唯一方法是保持'好奇心'，不管即将面对的是什么样的'海浪'，都要保持期待；不管面对多么奇怪的事，都要心怀热爱。"

听着松代女士语调轻快的鼓励，我们在风雨中继续前进。

过了一会儿，天空中已经没有太阳的影子了，气温也开始骤降。

"天气实在是太糟了。1千米外有间小屋，大家先去那里避一避。"

松代女士的无线信号一下子断了。风越来越烈，雨也渐渐变成了雪。

"现在该怎么办啊？！"

"不管怎么说，我们先到松代女士说的小屋里躲躲吧。"

在一片慌乱中，杉田先生最先冷静下来。

世界上最美味的葡萄干

"哼,对她来说,我们只不过是研究对象!"圣子生气地说。

在暴雪中,我们好不容易找到了一间小屋。我们和松代女士联系不上,手机也没有信号。这间小屋中没有任何物资,我们只能依靠背包中的食物和水。

天色逐渐暗了下来,四周都被大雪覆盖了。气温还在不断下降,这间小屋中没有电,也没有任何取暖设备,只能抵挡一下狂风。为了取暖,我们只能在黑暗中挤作一团。

"虽然我确实很想回KIBUSU,但感觉这个决定还是太草率了。"大和埋怨道。

"这种时候让一群新手来爬山,真是胡闹。"小卓也很生气。

"我本来以为是来野餐,结果变成这个样子。松代女士太过分了!"早就饿到不行的睦睦也生气了。

"松代女士肯定会想办法联系我们的。说不定她去找救援队了。我们先把手头的食物吃掉，撑过今天晚上吧。"

听了杉田先生的话，大家都平静了一些。的确，我们不能被恐惧牵着鼻子走。

可是，到了第二天，我们仍然看不到希望。雪还在不停地下，无线对讲机仍然收不到任何信号。

除了瓶装水，我们基本上没有任何食物了。大家忍受着比之前的禁食训练更强烈的饥饿感，逐渐变得焦躁不安。等了好久，天色暗了下来，又一次迎来了无边的黑暗。

"如果明天还没得救，我们会怎么样？"小卓有些绝望地说。

"我们真笨啊！怎么会相信那种不懂世间疾苦的学者！杉田先生，你真的什么都不知道吗？你不是经常出入KIBUSU角落里的那个房间吗？那个房间里到底藏着什么秘密？你其实是松代女士的同伙吧？这次的事情是不是训练的一环？明天松代女士就会来救我们吧？"

圣子已经处于恐慌的状态了。现场唯一保持冷静的杉田先生回答道："这次的事情完全是意外。我不是她的同伙，我什么都不知道。我想，松代女士也没想到会变成这样。而且她是真心想通过KIBUSU项目帮助大家。"

"为什么你这么肯定？"

"松代女士让我保密。"

面对圣子的追问，杉田先生犹豫了一会儿，回答道："其实，松代女士的女儿小堇得了厌食症。松代女士和她的丈夫为了治疗小堇，想尽了办法，却一直无法根治。有的医生说是因为'父母的关心不够'，有的说是'因为有痛苦的回忆'。在多次住院、出院之后，有一天，小堇离家出走了，至今杳无音信。从那天起，松代女士一直自责自己没有为女儿做什么。当时他们一家就住在KIBUSU。圣子刚才提到的走廊尽头的房间就是小堇曾经的房间。我经常出入是因为松代女士拜托我每天打扫。松代女士也经常在那个房间里进行正念练习。"

原来松代女士有个女儿。

仔细想来，其实我们对松代女士一无所知。杉田先生继续说道："小堇离家出走后没几年，松代女士的丈夫因病去世了。那个偌大的家里只剩松代女士一个人。据说松代女士在3年的时间中辗转于亚洲的各个国家和地区。在那期间，她偶遇了一个僧人，接触了正念，于是前往美国再次开始了研究员的生活。

"3年前，她再婚了，终于从过去的伤痛中走了出来。之后，她就想成立一个通过正念来改变饮食的训练营。因此，她开设

KIBUSU绝不是抱着随便的心态。而且，她想通过这种方式帮助大家，弥补当初的遗憾。"

大家陷入了沉默。外面似乎又开始下雪了。

第三天，救援队还是没来。

随着饥饿感越来越强烈，大家已经没有说话的力气了。就连爱说话的睦睦也为了节省力气而一动不动地躺在地板上。

突然，睦睦坐了起来，开始翻自己的双肩包。她似乎用手指抓起了什么。

"最后一粒……"

大家看了过去，发现睦睦手里拿着之前松代女士发的金葡萄干。不知为何，睦睦这次出来的时候带了1粒。

"大家分着吃了吧。"

我们都知道之前的睦睦是什么样的，简直无法相信这是她说的话。毕竟她原本可以一个人吃掉……可能这就是正念疗法的效果吧。

大家围坐在1粒葡萄干旁边，用小刀将它分为6等份。每一份都小得可怜。

"这可能是我人生中最后的食物了。"大家心里可能都是这么想的。6个人不约而同地开始进行饮食练习——观察手里的葡萄干碎块。

然后,不知是谁带头将葡萄干放进了嘴里。当所有的注意力都集中到嘴里时,我感觉陷入了恍惚。这是何等美味啊!

小小的葡萄干带给我们无上的幸福感,不亚于任何曾经吃过的美食。然后,不知何时,我陷入了昏迷。

可持续、防止反弹的诀窍

① 停止抗争
减少进食量或者忍着不吃、用意志力抵抗欲望等都会让人疲惫，起到反作用。

② 关注、允许
关注自己的欲望，允许它的存在。我们要做的仅仅是集中注意力发现它，并且不带任何抵抗心理地接受它、驯服它→RAIN正念法（见第103页）。

③ 善待自己
设置休息日很有必要。实践善待自己的方法（见第126页）、七夕许愿笺法（见第125页）

④ 马拉松
这个过程像一场马拉松，特别是刚开始时身体肌肉跟不上自己的意识，会特别痛苦（例如戒烟的人想抽烟的欲望会在戒烟第一周时最强烈）。但是，过了这个阶段，就会渐渐变得轻松。

⑤ 用好奇心战胜恐惧
改变"如果无法坚持下去，该怎么办""如果效果反弹了，该怎么办"等让自己害怕的心理，将它们转变为"如果坚持1年，我会变成什么样呢"之类的好奇心。

⑥ 享受它
保持热情，保持好奇心，享受饮食！

EPILOGUE

终 章

"最后的晚餐"

"朋美来了，人都到齐了。"

我怀着忐忑的心情打开KIBUSU的门，看到了圣子明媚的笑脸。

时间回到我们遇险后的第三天。暴风雪终于平息了，救援队找到了我们所在的小屋。后来我才知道，其实松代女士提前准备了食物，只不过是在另一间小屋里。我们走错了，结果在没有电也没有食物的小屋里待了3天。

意识模糊的我们被送到了医院，诊断结果是严重的体温过低及营养不良，需要住院治疗一段时间。来医院看我们的松代女士泪眼婆娑，不停地向我们道歉，并且宣布停止KIBUSU项目。

出院后，我请了1个月的假，去了一趟外婆家。看着母亲的遗像，我回顾了一下近1年来发生的事情，结果是我自己也不确定这1年来的训练是否有效。假期结束后，我回到公司继续工作。令人意外的是,大堤主编对我休了这么长时间的假这件事丝毫没有责备的意思,只对我说了一句"你承受了太多,幸好你毫发无伤地回来了"。

我和KIBUSU的其他住户没有再联系。

大家都知道各自的联系方式,按理来说,我们在KIBUSU以外的地方也可以相聚。

但是,不知道为什么,大家都默契地没有保持联系。

时间一晃,又过了半年。某天,我收到了松代女士寄来的一封信。

松代女士在信中为我们遇险的事再次道歉,并且说明了她创办KIBUSU的原因和想法。其中包括杉田先生在小屋里说的关于小堇的事。她毫无保留地写在了信里。

看完信,我决定再去一次KIBUSU。

走进熟悉的餐厅,我看到了一张张熟悉的脸。

除了来门口迎接我的圣子,睦睦、小卓、大和都在。

在厨房里,我看到了杉田先生的身影。似乎感受到了我的视线，杉田先生朝我这边看过来。他什么都没说，只是羞涩地朝我微笑。我突然发现，此时我最想见的就是杉田先生。

这时，依旧优雅美丽的松代女士走了进来。我真切地感受到我们真的很久没见了。

"朋美，谢谢你的到来！"

半年没见，此时我真切地感受到了我们5个人在饮食方面的改善。我们通过改变大脑的习惯建立起可持续的行为机制——松代女士刚开始说的话都成了现实。睦睦与大和跟之前相比简直判若两人。小卓和圣子也解决了厌食和暴饮暴食的问题。至于我，体重已经回到6年前的水平，脸上和身体的线条也变得十分明显。

不仅如此，我们真切地感受到了饮食方法等同于生活方法这个道理。

离开KIBUSU之后，小卓通过了好几次模特儿选拔，正式成为了一名模特儿。之前因过度健身而变得消瘦的脸颊也有了肉，看起来更帅了。听说他最近开始谈恋爱了。

大和今年夏天又去冲了几次浪，身体变得健康了。现在，他在想教训下属前会有意识地呼吸几次，不再乱发脾气，工作上的压力也小了很多。

睦睦解决了暴饮暴食的问题，如同解除了魔咒一般，身形变得轻盈了许多。而且她并没有严格地控制饮食。她给我们看了翔介小学入学时跟她拍的合照，照片里的睦睦笑容甜美，看起来很温柔，翔介也非常可爱。

最令人惊讶的是圣子。她辞去了晚上的工作，和她的一个客户结婚了。现在，她白天做一些兼职工作，晚上写小说——这是她少女时期的梦想。她看上去被幸福包围了。

"朋美，你现在过得怎么样？"

听到这个问题，我拿出了手机。

手机屏幕上显示的是一个网站，首页刊登着以"从今天起改变你的饮食习惯！减肥新闻'最后的晚餐'"为标题的文章，配图是正在做厚蛋烧的我的外婆。

"这个莫非是……"

"没错。"

一向直觉敏锐的圣子一下子就猜中了。

"简直太棒了！"松代女士真心为我开心，仿佛是自己获得了成功一样。

没错，我之前提出的减肥新闻网站企划终于被大堤主编采用了。

"你终于可以独当一面了,不过现在才是开始哟。"

我又想起了大堤主编对我说的话。

"'最后的晚餐'啊,我还记得。那时候的葡萄干真的很美味。"

睦睦一边回忆一边说。的确,小屋里的最后1粒葡萄干是我此生吃过的最好吃的东西。

"在中国有一个这样的故事。"松代女士用熟悉的语调讲了起来。

"有个青年在草原上遇到了一只猛虎,他拼命地逃,一直逃到了悬崖边。他看到悬崖边有垂下的藤蔓,便顺着藤蔓爬下去,爬到一半时发现老虎已经到了崖底。更令人绝望的是,这时候有只老鼠在啃咬藤蔓,可以说是毫无生机。在如此绝望的时候,青年看到山崖上长了一颗野草莓。他想,反正都要死了,不如摘下来吃掉吧。结果,他发现这颗野草莓美味至极。"

"我该走了。"

松代女士看了看墙上的钟。她结束了为时一年的日本之旅,现在要返回美国了。

大家一起送她去机场。

"今天大家正式从KIBUSU'毕业'了。请大家答应我,一定要好好吃饭。这段时间谢谢大家。"

松代女士坐在车里叮嘱大家。圣子和睦睦流下了眼泪,坐在副驾驶座上的我也泪流不止。小卓与大和对她深深地鞠了一躬。

我们在机场和松代女士说了再见。她乘坐的那架飞机将飞往加利福尼亚。

"那个……朋美……"杉田先生吞吞吐吐地对我说,"如果你不介意……你想再吃一次那个厚蛋烧吗?"

找出想吃东西的原因及应对方法

<找出自己想吃东西的原因!> 首先确认自己身体的反应。
① 在进行饭前仪式(见第53页)时,用数字0~10衡量自己的饥饿程度。
② 观察身体对食物的反应。
③ 意识到自己"为什么想吃东西"(参考第68页的饥饿原因列表)。

原因是什么?

饥饿(热量不足)
补充身体所需的热量。注意自己吃了什么(回顾当天吃的东西,仔细观察自己吃了什么、吃了多少)以及自己是怎样吃的。

压力
使用缓解压力的方法。例如呼吸聚焦法(见第87页)、身体扫描法(见第82~83页)、转移注意力(见第163页的A.C.C.E.P.T.S.部分)、深呼吸、听平静的音乐、与人交谈等。

无聊
用吃东西以外的事情打发时间。

感到焦虑时
使用缓解压力的方法或RAIN正念法(见第103页)。

情绪低落
使用缓解压力的方法或转移注意力的方法(见第163页的A.C.C.E.P.T.S.部分)。

身体不适(头痛、头晕、生理期)
做一些能够缓解不适的事。将注意力转移到感觉不适的身体部位上,客观地观察其症状。

有多个原因
分而治之,逐个击破。

不知道原因
1. 采用转移注意力的方法(见第163页的A.C.C.E.P.T.S.部分)。
2. 进行身体扫描(见第82~83页)。有什么新发现吗?

饭前仪式是正念减肥法的一个重要步骤。在这个过程中，我们需要确认想吃东西的原因，并根据这个原因来决定你需要采取哪些措施（除了吃东西）。首先确认自己想吃东西的原因，然后列出每个原因的应对方法。这样一来，当我们产生想吃东西的欲望时，就能从容应对。

*A.C.C.E.P.T.S. 当压力或消极情绪来袭时有效转换心情的方法。

A（Activities 行动）
做能让你集中注意力的事。爱好或者工作方面的事都可以。

C（Contributing 贡献）
对自己以外的人做贡献。例如做志愿者、帮助别人。

C（Comparisons 比较）
想象更艰难的状况，和自己的过去或者其他人的状况进行比较。

E（Emotions 情绪）
让自己产生相反的情绪。可以看喜剧片或者听开心的音乐。

P（Pushing Away 驱赶）
驱赶当下的心情。例如将不开心的事写在纸上，揉成一团扔掉。也可以将当下的烦心事放下，换个时间再想。

T（Thoughts 思考）
数10个数、回忆一首诗或者读书。

S（Sensations 感觉）
通过创造安全感来分散消极情绪。例如握一块冰、将橡皮筋缠在手腕上轻弹一下或者吃一些酸的东西。

尾注

1 O' Reilly, et al. (2014); Mantzios & Wilson (2015)
2 Marchiori & Papies (2014)
3 Alberts, et al. (2010); Alberts & Raes (2012)
4 Mason, et al. (2016)
5 Mason, et al. (2016)
6 Kaliman, et al. (2014)
7 Mantzios & Wilson (2014); Mason, et al. (2016)の研究チームの結果で、Society for Behavioral Medicine 3/2017 に報告された
8 Tapper, et al. (2009)
9 Van De Veer, et al. (2015)
10 Brewer, et al. (2014)
11 Mantzios & Wilson (2014)
12 Van De Veer, et al. (2015)
13 Brewer (2017)
14 Casazza, et al. (2013)
15 Brewer (2017)
16 Brooks, et al. (2011)
17 Fox, et al. (2014)
18 Toepfer, et al. (2012)
19 Alspach (2009)
20 Emmons & McCullough (2004)
21 Chatterjee (2016)
22 Bratman, et al. (2015)

参考文献

Ahmed, S. H., Guillem, K., & Vandaele, Y. (2013). Sugar addiction: pushing the drug-sugar analogy to the limit. *Current Opinion in Clinical Nutrition & Metabolic Care, 16*(4), 434-439.

Alberts, H. J., Mulkens, S., Smeets, M., & Thewissen, R. (2010). Coping with food cravings. Investigating the potential of a mindfulness-based intervention. *Appetite, 55*(1),160-163.

Alberts, H. J., Thewissen, R., & Raes, L. (2012). Dealing with problematic eating behaviour. The effects of a mindfulness-based intervention on eating behaviour, food cravings, dichotomous thinking and body image concern. *Appetite, 58*(3), 847-851.

Alspach, G. (2009). Extending the tradition of giving thanks recognizing the health benefits of gratitude. *Critical Care Nurse, 29*(6), 12-18.

Bratman, G. N., Hamilton, J. P., Hahn, K. S., Daily, G. C., & Gross, J. J. (2015). Nature experience reduces rumination and subgenual prefrontal cortex activation. *Proceedings of the national academy of sciences, 112*(28), 8567-8572.

Brewer, J. (2017). *The craving mind: from cigarettes to smartphones to love? Why we get hooked and how we can break bad habits.* Yale University Press.

Brewer, J. A., Elwaf, H. M., & Davis, J. H. (2014). Craving to quit: Psychological models and neurobiological mechanisms of mindfulness training as treatment for addictions. *Psychology of Addictive Behaviors, 26*(2), 366-379.

Brooks, S. J., Owen, G. O., Uher, R., Friederich, H. C., Giampietro, V.,

Brammer, M., ... & Campbell, I. C. (2011). Differential neural responses to food images in women with bulimia versus anorexia nervosa. *PLoS One, 6*(T), e22259.

Casazza, K., Fontaine, K. R., Astrup, A., Birch, L. L., Brown, A. W., Bohan Brown, M. M., ... & McIver, K. (2013). Myths, presumptions, and facts about obesity. *New England Journal of Medicine, 368*(5), 446-454.

Chatterjee, A. (2016). How your Brain decides what is beautiful. TED [https//www.ted. com/talks/anjan_ chatterjee_ how_ your_ brain decides_ _what_ is_ beautiful].

Emmons, R. A., & McCullough, M. E. (Eds.). (2004). *The psychology of gratitude*. Oxford University Press.

Fox, K. C., Nijeboer, S., Dixon, M. L., Floman, J. L., Ellamil, M., Rumak, S. P.,.... & Christoff, K. (2014). Is meditation associated with altered brain structure? A systematic review and meta-analysis of morphometric neuroimaging in meditation practitioners. *Neuroscience & Biobehavioral Reviews*, 43, 48-73.

Kaliman, P., Álvarez-López, M. J., Cosín-Tomás, M., Rosenkranz, M. A., Lutz, A., & Davidson, R. J. (2014). Rapid changes in histone deacetylases and inflammatory gene expression in expert meditators. *Psychoneuroendocrinology, 40*, 96-107.

Mantzios, M., & Wilson, J. C. (2014). Making concrete construals mindful: a novel approach for developing mindfulness and self-compassion to assist weight loss. *Psychology & health, 29*(4), 422-441.

Mantzios, M., & Wilson, J. c. (2015). Mindfulness, eating behaviours, and obesity: a review and reflection on current findings. *Current obesity reports, 4*(1), 141-146.

Marchiori, D., & Papies, E. K. (2014). A brief mindfulness intervention reduces unhealthy eating when hungry, but not the portion size effect. *Appetite, 75*, 40-45.

Mason, A. E., Epel, E. s., Kristeller, J., Moran, P. J., Dallman, M., Lustig, R.H... & Daubenmier, J. (2016). Effects of a mindfulness-based intervention on mindful eating, sweets consumption, and fasting glucose levels in obese adults: data from the SHINE randomized controlled trial. *Journal of behavioral medicine, 39*(2), 201-213.

O' Reilly, G. A., Cook, L., Spruijt - Metz, D., & Black, D. S. (2014). Mindfulness - based interventions for obesity- related eating behaviours: a literature review. *Obesity Reviews, 15*(6), 453-461.

Schmitt, D. P., & Allik, J. (2005). Simultaneous administration of the Rosenberg Self- Esteem Scale in 53 nations: exploring the universal and culture-specific features of global self- esteem. *Journal of personality and social psychology, 89*(4), 623.

Tapper, K., Shaw, c., Ilsley, J., Hill, A. J., Bond, F. W., & Moore, L. (2009). Exploratory randomised controlled trial of a mindfulness-based weight loss intervention for women. *Appetite, 52*(2), 396-404.

Toepfer, S. M., Cichy, K., & Peters, P. (2012). Letters of gratitude: Further evidence for author benefits. *Journal of Happiness Studies, 13*(1), 187-201.

Van De Veer, E., Van Herpen, E., & Van Trijp, H. c. (2015). Body and mind: Mindfulness helps consumers to compensate for prior food intake by enhancing the responsiveness to physiological cues. *Journal of Consumer Research, 42*(5), 783-803.

后记

从饮食中了解的事

感谢大家读到最后。

和入住 KIBUSU 的 5 个人一起度过的美食之旅怎么样？

从饮食这个主题中，我们可以了解以下事情。

首先是我们的"大脑危机"。

正如我在前言中提到的，食欲和睡眠是反映大脑状况的一面镜子。

如今，食欲和睡眠方面的紊乱引起了社会的广泛关注。关于饮食问题，本书中有详细的描述。关于睡眠问题，大家应该听说过"睡眠负债"这个概念吧。这意味着现代人的大脑紊乱。

在现代社会，食物唾手可得。

明明食物充足，但还是有很多让我们想要更多的诱惑。此外，食品行业也在推波助澜。某家大型咖啡连锁店就有一句广告语是"Made to Crave"，意思是"为渴求而生"。正是因为处于这样的环境，现代人的饮食逐渐偏离正轨，大脑记住了混乱的习惯。

其次是我们内心的空虚感。

与丰富的物质生活形成对比的是内心的不满足。文豪托尔斯泰说过："一切不幸福并不在于缺少什么，而在于过剩。"内心泛滥的欲望使空虚感增加，也让我们远离幸福。

身处这样的时代，我们该怎么办呢？

怎样才能让大脑和心灵更健全？怎样才能变得幸福呢？

正念为我们提供了一个答案——带来幸福的是给予和放手。

不能因为不满足而索取更多，要通过感恩和宽容进行给予。只有这样，我们的心才会得到满足。虽然听起来有些矛盾，但是一项研究表明，最宽容的人最幸福。当然，给予和宽容的对象不仅仅是他人，也包括自己。请大家记住这一点。

我们的心态要从"索取更多"变为"知足并给予"。

通过饮食，我们能看到这种历久弥新的智慧。

吃饭本来就是一件非常快乐的事。

希望本书能为大家提供参考，帮助大家"正确地"满足自己。同时，我希望大家能够对饮食保持好奇心，继续享受改变自己、改变饮食的旅程。

在编写本书的过程中，我得到了很多帮助，在此表示诚挚的谢意。衷心感谢编辑深堀直子、龟田真弓、长谷川华以及主妇之友出版社的各位工作人员给我这次机会，并提供了专业、细致的帮助。请允许我再次表示感谢。

2018年7月

久贺谷亮